深孔加工
直线度控制技术

陈振亚 著

化学工业出版社

·北京·

内 容 简 介

深孔加工技术是一种具有良好发展前景和广泛应用需求的机械加工技术,在诸多领域有着广泛应用。深孔加工直线度控制是保证深孔工件质量的前提和基础,深孔加工直线度控制技术的推广应用,对于目前多品种、小批量、周期短的深孔产品的研发和生产具有重要意义。

本书全面介绍了近年来国内外在深孔加工技术的新理论和技术成果以及编者多年的技术实践经验,以解决多因素影响下的深孔加工直线度控制难题。全书内容包括:深孔加工的概念以及直线度控制技术在BTA深孔加工中的应用;BTA深孔加工直线度控制方法;BTA深孔加工刀具结构;BTA钻杆的运动形式和BTA钻杆振动对深孔直线度的影响规律。本书还提出利用磁流变液抑振技术,降低钻杆的振动;同时,还重点介绍负压抽屑对BTA深孔直线度的影响等;重点阐述基于压电原理的BTA直线度主动控制技术,并设计了深孔加工机床以及BTA深孔加工多因素协调控制方法等。

本书可供从事机电产品设计与制造、机械制造及其自动化、机械制造及理论、材料科学与工程等专业的科技人员或研究人员参考,也可作为相关专业师生的教学参考书使用。

图书在版编目 (CIP) 数据

深孔加工直线度控制技术/陈振亚著 . —北京:
化学工业出版社,2020.11(2022.11重印)
ISBN 978-7-122-37672-5

Ⅰ.①深… Ⅱ.①陈… Ⅲ.①孔加工-直线形
Ⅳ.①TG52

中国版本图书馆 CIP 数据核字 (2020) 第 165784 号

责任编辑:朱 彤　　　　　　　　　　加工编辑:陈 喆
责任校对:张雨彤　　　　　　　　　　装帧设计:刘丽华

出版发行:化学工业出版社(北京市东城区青年湖南街 13 号　邮政编码 100011)
印　　装:北京七彩京通数码快印有限公司
787mm×1092mm　1/16　印张 11½　字数 295 千字　2022 年 11 月北京第 1 版第 3 次印刷

购书咨询:010-64518888　　　　　　　售后服务:010-64518899
网　　址:http://www.cip.com.cn
凡购买本书,如有缺损质量问题,本社销售中心负责调换。

定　　价:68.00 元

前　言

　　深孔加工技术是一种具有良好发展前景和广泛应用需求的机械加工技术，在装备制造、航空航天、机械电子、军事、医疗等多个领域有着广泛应用。深孔加工直线度控制是保证深孔工件质量的前提和基础，深孔加工直线度控制技术的推广和应用，对于目前多品种、小批量、周期短的深孔产品研发和生产具有重要意义。深孔加工技术至今尚处于发展阶段，远不及一般金属切削加工技术成熟。深孔加工难度高，加工工作量大，是机械加工中的关键性工序。随着科学技术的进步，制造产品迅速进行更新换代，新型高强度、高硬度、难加工零件的不断出现，对深孔加工的质量、加工效率和刀具耐用度都提出了更高要求。因此，对深孔加工技术领域的研究，已成为相关技术人员十分关注的问题。

　　BTA深孔加工直线度控制问题是机械加工行业发展的瓶颈问题。BTA是钻镗孔与套料加工协会（boring and trepanning association，BTA）的缩写，代指BTA深孔加工技术。为了保证深孔零件的加工精度及使用性能，必须分析深孔加工中直线度的主要影响因素，包括辅助支撑的位置、导向套与钻杆之间的偏差、钻杆的颤振及涡动、冷却液的流动特性、钻杆和钻头的几何尺寸以及进给速度、钻杆的强度和刚度等方面进行深入的研究，分析各影响因素对直线度的影响程度，建立各影响因素之间的相互抵消机理，研究深孔加工的直线度控制技术。同时，还应基于多因素协同控制方法，建立BTA深孔加工直线度偏差数学模型；详细分析引起深孔加工轴线偏斜的原因；研究BTA深孔加工系统的动力学行为；研究深孔加工钻杆系统的非线性振动机理；综合考虑机床、钻杆、辅助支撑、导向套及冷却液流体力等激励因素对深孔直线度的影响，整体上实现对深孔加工直线度的有效控制。

　　本书介绍了深孔加工的概念以及直线度控制技术在BTA深孔加工中的应用，阐述BTA深孔加工直线度控制方法；介绍BTA深孔加工刀具结构，并针对切削液的动压流动特点，融合滑动轴承的结构，分析BTA刀具自导向原理；还论述了BTA钻杆的运动形式，分析BTA钻杆振动对深孔直线度的影响规律，并提出利用磁流变液抑振技术，降低钻杆的振动；同时，还重点介绍负压抽屑对BTA深孔直线度的影响等；重点阐述基于压电原理的BTA直线度主动控制技术，并设计了深孔加工机床，还全面介绍BTA深孔加工多因素协调控制方法等。本书可供从事机电产品设计与制造、机械制造及其自动化、机械制造及理论、材料科学与工程等专业或学科的科技人员或研究人员参考，也可作为相关专业教学参考书使用。

　　本书的出版受到国家自然科学基金青年基金项目（52005456）、山西省自然科学基金青年基金项目（201801D221231）、山西省市场监督管理局知识产权项目（20200721）、山西省教育厅高等学校科技创新项目（20200721）的资助，感谢上述项目支持单位对本书出版给予的帮助。

　　由于作者水平有限，疏漏之处在所难免，敬请各位读者批评指正。

著者

2021年6月

第 6 章　BTA 深孔钻杆振动磁流变液抑制技术 / 080

第 10 章　深孔直线度控制技术实验验证 / 163

第 1 章

概　述

机械装备制造业是国家发展的战略性、支柱性产业，为国民经济的命脉，也是国家的核心竞争力；同时机械装备制造业为各行业提供技术装备，是各行各业产业升级、技术进步的重要保障，也是国家国防实力及综合实力的集中体现；作为推动国民经济发展不可或缺的力量，深孔加工技术和深孔加工装备制造技术对国防、民用技术领域的发展起着不可估量的作用。据有关资料统计，在29个制造行业中，至少有50％对深孔加工技术及其装备有直接要求，1/3以上有迫切要求，所以深孔加工质量的好坏，将会直接影响机械产品的生产效率和加工质量。

在机械加工制造行业中，深孔加工技术一般是指长径比 L/D 大于5的孔的加工技术，对于长径比 L/D 小于5的孔的加工，可以用普通麻花钻头等实现。所有用来加工深孔的工具、硬件、软件、加工原理和加工步骤等都可统称为深孔加工技术，比如钻削深孔和珩磨深孔等；人们一般讲到的深孔加工技术主要指的是镗削、钻削深孔的技术，它的加工方法和原理与车削、铣削等技术有明显差别，会受到较多限制。深孔加工技术不仅可用于浅孔加工，而且在保证孔的尺寸、形位精度和提高钻孔粗糙度诸方面比浅孔加工技术更具优越性。据粗略估算，如能通过各种措施使目前深孔加工的综合成本降低60％，则深孔加工技术会部分取代浅孔加工。

1.1 深孔加工技术及难点

判断一项技术或一个技术门类是否达到成熟，公认的标准一般是：基本理论相对成熟；高生产效率；高加工质量、高可靠性、安全（包括无环境污染），具有易操作性和易控制性；机械化、自动化程度较高，能以较低的成本获得巨大的经济和社会效益。以此衡量，金属切削加工技术应视为成熟的技术，但作为其重要分支的深孔加工技术则远未成熟。深孔加工技术难度系数大、精度要求高，成本投入产出见效周期长，往往成为生产加工制造的"卡脖子"技术。宏观方面主要表现在：

① 对深孔加工过程中特定条件下切削液参数及其影响，切屑的形成规律，排屑及抽屑机理，不同加工条件下工艺参数的最佳匹配、加工过程的控制和检测，刀（工）具、辅具设计理论、深孔加工装备的规范化及现代化设计等一系列基础研究，尚处于

发展阶段。

② 实体钻孔由于其不可替代性，不论过去、现在和将来，将始终是衡量深孔加工技术发展水平的重要标志。内、外排屑两类深孔钻在钻孔直径范围方面已形成难以逾越的鸿沟，并已成为深孔加工技术通用化的巨大障碍；内排屑深孔钻的断屑、排屑问题始终制约着整个实体深孔钻技术的发展和广泛应用。

随着加工技术的进步及市场多样性的需求，产品更新换代的周期不断缩短，也催生了新型高强度、高硬度、高脆性、难加工材料的不断涌现，使高精度、异形零件的深孔加工要求越来越多，对深孔加工的质量、精度、效率及系统寿命等都提出了更高要求。在深孔加工过程中，由于深孔加工机理的复杂性、刀具加工条件的多样性、钻杆工作状态的随机性、切削液流动方式的易变性，如何高效、准确地计算深孔刀具及钻杆的运动轨迹，准确、直接地评定和测量深孔直线度，有效分析影响深孔直线度的各因素，控制并解决深孔直线度误差过大等问题，已经成为各国研究人员更为关注的问题。随着科技的进步和工业的发展，深孔加工技术已在各领域得到广泛应用：

① 航空航天领域。飞机起落架轮轴、探月钻杆的深孔加工。

② 石油勘探领域。石油钻探的深孔加工。

③ 液压机械领域。液压缸、活塞、活塞杆及缸壁的深孔加工。

④ 模具加工领域。模具的流道孔、水道孔、导柱孔和顶针孔的深孔加工。

⑤ 汽车制造领域。汽车曲轴、凸轮轴、转向器轴、连杆、摇臂、阀芯、活塞销、缸头及缸盖上的深孔加工。

⑥ 油泵油嘴领域。喷油嘴、针阀体及柱塞套等零件的深孔加工。

⑦ 电力汽轮机领域。转子、芯轴、阀杆及冷却器管板的深孔加工。

⑧ 医疗器械领域。钛合金、医疗器械、不锈钢骨钉中的微小深孔加工。

⑨ 纺织机械领域。热辊辊体及各种定子的深孔加工。

⑩ 轨道交通领域。动车车轴、高铁车轴的深孔加工。

近年来随着宇航工业、核工业、电力工业等行业的迅速发展，对机器及其零部件的综合性能提出了更高要求，这就要求深孔加工技术无论是在工件的质量还是在加工效率上，都达到了一个新的高度。目前，该技术中的一些关键难题已成为部分行业发展的瓶颈，具体难点包括：

① 深孔加工过程中无法直接观察刀具的工作状况与切削情况。深孔加工是一种封闭、半封闭式的加工方式，刀具的切削状况只能凭经验判定，一般判断方法是通过观察切屑变形的情况、排屑顺畅与否或钻杆振动的情况等做出决定。

② 工艺系统刚性差。在深孔加工过程中，钻杆长径比 L/D 较大，钻杆多为细长圆直杆，其刚性较差且随着加工长度的增加，钻杆易发生振动、偏斜、弯曲和扭曲等形变，影响被加工孔的表面粗糙度、圆度、尺寸精度和加工质量等。

③ 钻头工作条件恶劣且冷却与润滑困难。在深孔加工过程中，因为钻头切削刃上各点的切削速度不同，导致靠近中心齿位置的切屑是在挤压和撕裂的非正常条件下形成的，同时整个切削刃全部参与加工，易产生振动和大量切削热，且切削热在切削区域内不便于耗散，钻头切削加工所占切削热的比例很大，必须采取强制冷却。

④ 断屑、排屑困难。深孔钻头中心齿部位多为挤压、撕裂的断屑方式，钻头处于不利的加工状态，断屑困难且在已加工出的工件孔内，钻头钻杆的体积要占据很大一部分排屑空间，而且切屑必须靠切削液的冲击作用强制排出，难以自动排屑。

深孔直线度误差控制问题与上述难点相互关联，也是一个世界性难题，在深孔机床方面更具权威的英国 Mollart 公司、德国的 Guhring 公司和日本的机械技术研究所等都投入了大量人力和财力对深孔直线度问题进行研究，以求解决深孔直线度超差问题，但由于深孔加工的特殊性，未取得令人满意的结果。具体表现在：深孔直线度误差的相关理论不够完善，在多学科交融的背景下，深孔直线度误差分析、测量与控制等未能与时俱进；在深孔加工过程中，特定条件下切削液流体力对钻杆运动、排屑速度、切削形态的影响；深孔加工中动态干扰对深孔直线度的影响；钻头直径、钻杆参数、旋转速度、进给速度等因素对深孔直线度的影响；切屑的形成规律、排屑及抽屑特性、不同加工条件下工艺参数的匹配对深孔直线度的影响；刀具和辅具的设计理论、加工过程的控制和直线度检测等一系列问题，尚处于起步阶段。

1.2 常用的深孔加工系统

1.2.1 深孔加工技术的分类

如图 1.1 所示为深孔加工技术及刀具分类形式，通常采用的划分方法是以刀具类型进行划分的。按照深孔加工中所用的刀辅具和冷却排屑装置，深孔加工系统还可以分为枪钻系统、BTA 系统、喷吸钻系统和 DF 系统。其中，刀具也可以按照套料钻、镗头、珩磨头、实体钻头、扩钻和铰刀等划分。深孔加工也可以按照排屑方式和钻削方式的不同来划分。

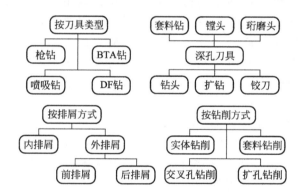

图 1.1 深孔加工技术及刀具分类

1.2.1.1 按排屑方式不同划分

外排屑：对实体深孔刀具来说，切削液由刀具内部空腔中供入切削刃部，并带着切屑经刀具外圆与已加工孔壁形成的空隙排出孔外。

内排屑：对实体深孔刀具来说，切削液由刀具内部的空隙供入到切削刃部，并带着切屑经刀具与已加工孔壁形成的空腔排出孔外。

前排屑：当切屑的排出方向与刀具进给方向一致时的排屑形式，常用于已有通孔的加工。

后排屑：当切屑的排出方向与刀具进给方向相反时的排屑形式，常用于实体钻和套料钻。

1.2.1.2　按钻削方式不同划分

实体钻削：实体钻削是最普通的加工方法。它是指从实体材料上用钻孔工具将多余的材料以切削方法加以去除的钻孔方法。通常，其加工的孔径、直线度和表面质量都较好，无须再进行精加工。实体深孔加工虽属于初加工，但被公认为是深孔加工中难度最大、成本最高的工序，所以也是深孔加工技术的关键技术。

套料钻削：套料钻削是指在固体材料上进行加工，但它并不是将切削下来的所有工件材料作为钻屑，而是在孔中央留下一个固体的"核"。由于此方法消耗功率较小，故主要用于要求功率低的场合。如果所加工工件材料昂贵，可将"核"留下来以备将来重新利用，或用于其他用途。套料加工是采用取出整体芯棒的方法在实体材料上形成圆柱孔的加工方法，包括切削和特种加工。

交叉孔钻削：交叉孔钻削属于难加工异形结构孔的加工，通常应用在特殊场合，例如模具的导流孔或中间通道，气动和液压零件的相贯孔等。可使用枪钻或单管钻来进行交叉孔的加工。

扩孔钻削：扩孔钻削是指在铸件、锻压件、冲压件、模压件等预制孔的基础上进行扩孔，以获得小公差的高质量表面。在某些情况下，扩孔钻削可作为实体钻削的补充手段，但一般仍将扩孔钻削视为粗加工，而与铰孔、精镗孔加以区别。

1.2.2　枪钻深孔加工技术

枪钻是由扁钻、炮钻演化而来的，于20世纪30年代诞生，它是深孔加工外排屑技术的典型代表。枪钻继承了炮钻单边刃切削的构思，只用一侧半径上的单边切削刃加工，但对炮钻作了以下几项重大改进：①将炮钻的平刃改为由外刃和内刃组成的单边刃结构；②炮钻的前刀面略高于中线，而枪钻的前刀面不得高于中线，但允许略低于中线；③为了使刀具在加工孔时不被卡死，枪钻的外圆圆周角大于炮钻（这样同时有助于增大刀具和钻杆的扭转刚度和弯曲刚度）；④为了使刀具的切削性能更好，在外刃的周边磨出后角（边刃后角）。

枪钻由刀具、钻杆和钻柄三个部分构成，见图1.2。枪钻的外部有一条贯通前后的V形槽，供排出切屑之用；位于V形槽对侧，设有油孔，供通入切削液之用。高速钢、硬质合金。ϕ8mm以下的刀具，由硬质合金烧结成整体式刀具坯，再经焊、磨而成。直径大的刀具可改用三片硬质合金镶在钢质刀具体上。

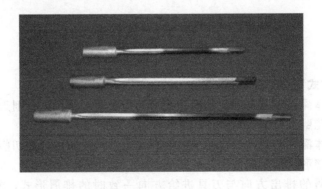

图1.2　枪钻

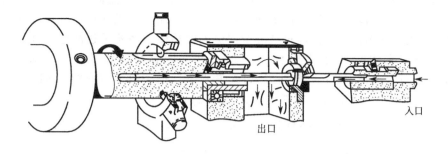

入口

出口

图 1.3　枪钻系统工作原理

枪钻系统工作原理如图 1.3 所示，高压切削液通过刀体内部油孔进入切削区，经冲击加工形成切屑，切屑经刀体 V 形槽被切削液流体带入排屑箱；M 形倒锥、切削刃、导向条共同实现枪钻的自导向。枪钻系统主要用于 $\phi 2 \sim 30mm$ 小直径深孔的加工，加工精度可达 IT7～IT10 级，孔的表面粗糙度可达 $Ra0.8 \sim 3.2\mu m$，孔的直线度可达 0.3mm/m，孔的同轴度可达 $\phi 0.5\mu m$。

1.2.3　BTA 钻深孔加工技术

BTA 钻深孔系统属于单管内排屑系统，BTA 钻头出现于枪钻之后，它是由莫尔斯钻头发展得到的。BTA 刀具加工时要求严格密封，只能使用专用的深孔刀具床，这类机床的主轴转速多在 4000～6000r/min，限制了该技术的推广与应用。20 世纪 60 年代初，在先进深孔技术普遍开始应用于民用装备制造业后，瑞典 SANDVIK 公司推出了一种基于 BTA 刀具的双管喷吸钻。这种刀具系统不需要严格密封的输油器（油压头），对机床结构要求比较简单，甚至普通车床、转塔车床等通用机床经简单改造都可用于深孔加工；双管喷吸钻逐渐成为 SANDVIK 公司的主要深孔加工装备产品。我国应用该技术最早是在 1973 年的上海新技术展览会上。如图 1.4 所示是各种形式的 BTA 刀具。

(a) 单刃焊接BTA刀具

(b) 多刃错齿焊接BTA刀具

(c) 单刃机夹BTA刀具

(d) 多刃错齿机夹BTA刀具

图 1.4　各种形式的 BTA 刀具

BTA 系统工作原理如图 1.5 所示，具有一定压力的切削液流体进入深孔输油器后，通过钻杆与工件孔之间的环形间隙空间流向切削刃部，将加工形成的切屑反向压入钻头内腔，经钻杆内部流入排屑箱；切削液经过滤装置回流到油箱中，经若干过滤层被油泵再次抽出，反复使用；BTA 实体钻主要用于 $\phi14\sim65mm$ 小、中直径的深孔加工，对于直径大于 $\phi65mm$ 的深孔可以选择 BTA 扩孔钻或 BTA 套料钻；据一般资料介绍，BTA 钻的加工精度可达 IT8~IT10 级，孔的表面粗糙度可达 $Ra3.2\mu m$。

工件 导向套 钻头 钻杆 切削液

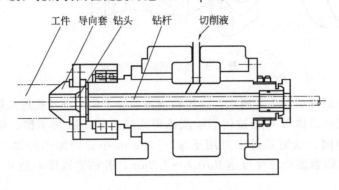

图 1.5 BTA 系统工作原理

1.2.4 喷吸钻深孔加工技术

为推广 BTA 技术应用于普通车床等通用机床，属于内排屑系统的双管喷吸钻系统应运而生，它是 BTA 钻的继承和发展，双管喷吸钻头部有一组沿周向分布的进油孔，这是它与 BTA 钻的主要差别。在刀具的内腔设置一根薄壁的内管，其内壁为排屑通道。当刀具与钻杆（外管）以方牙螺纹连接后，内、外管之间形成一个提供切削液的环形通道，给刀具供油。喷吸钻由于负压效应，改善了排屑状况，使液压系统压力明显降低。如图 1.6 所示是单刃喷吸钻和双刃错齿式喷吸钻。

(a) 单刃喷吸钻

(b) 双刃错齿喷吸钻

图 1.6 喷吸钻

喷吸钻工作原理如图 1.7 所示。喷吸钻采用内外双层钻杆，切削液在一定压力作用下，流经连接器，其中 2/3 的切削液向前进入内、外钻杆之间的环形间隙进入切削区，完成对刀具的冷却、润滑任务，并且将切屑推入钻杆内腔向后排出；另一部分切削液，由内钻杆上的进油孔高速喷入其后部，这样在内钻杆中形成喷吸效应；切屑在推、吸双重作用下，迅速向外排出，切削液压力低而稳定，减小了钻削系统的密封要求，保证了深孔加工可以在较大的进给量下进行；由于有内管和抽吸力的影响，喷吸钻系统加工的深孔最小直径和长度受到限制，一般孔径不能小于 $\phi18mm$，孔深一般不能超过 1000mm。

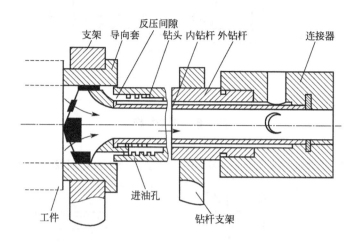

图 1.7 喷吸钻工作原理

1.2.5　DF钻深孔加工技术

20 世纪 70 年代，日本冶金公司推出了双向供油喷吸钻系统（double feeder）。其结构比双管喷吸钻简单，抽屑机理基本相同，只是在单层 BTA 钻杆后部增加了一套简单的抽屑器，即单管喷吸系统；改善了排屑条件，扩大了 BTA 钻的应用范围，也有利于用普通车床和旧深孔刀具床进行改装。20 世纪 80 年代，我国不少企业应用该技术加工中小直径系列深孔。DF 深孔刀具在结构上与 BTA 刀具相似，几何参数与 BTA 刀具一样，不同之处是 DF刀具的头部须与孔壁形成反压间隙，其形式有两种：一是用刀体与刀头直径之差确定反压间隙；二是在刀体上做一个圆柱形凸起环颈，与孔壁形成反压间隙；DF 系统用一个钻杆完成推、吸切屑的双重作用，同时将切削液分出另外一支用以产生喷流，因此又称为双向供油系统。

DF 钻的主要贡献在于：它不仅改善了 BTA 钻的排屑状况，同时又扩展了内排屑刀具加工小深孔的范围。据有关资料显示，国外使用 DF 加工小直径深孔的最高纪录为 $\phi6mm$（无具体长度和其它详细数据），有具体数据的纪录为 $\phi9mm$，长度 300mm。国内早在 1980年左右开始推广该技术，但用于实际生产的 DF 钻孔纪录，孔的直径均在 $\phi14mm$ 以上。DF钻结构如图 1.8 所示。

DF 系统工作原理如图 1.9 所示，油泵输出的切削液分成前后两支：前一支切削液流经导向套等部件，流过通油间隙到达切削刃，将切屑推入钻头喉部，直至钻杆内腔，抵达抽屑器；另一支切削液流入抽屑器，经锥形间隙，获得加速度，在钻杆尾部形成圆锥面射流，形成负压喷吸效应；DF 系统特别适用于钻 $\phi16\sim32mm$ 的深孔，长径比可达 100 以上。但是，DF 系统抽屑器设计不成熟，又沿袭了 BTA 刀具系统的设计缺陷；同时，只适用于孔深不大、大批量生产加工的产品等，成为其推广、应用的障碍。

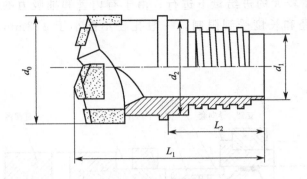

图 1.8 DF 钻结构

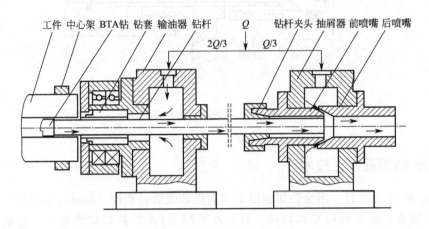

图 1.9 DF 系统工作原理

1.3 传统深孔加工技术分析

1.3.1 枪钻的缺陷

（1）结构性缺陷

① 刀具与钻杆不可拆卸，每次重磨时必须整体更换，效率低，刀具费用高。

② 钻杆为薄壁无缝管轧成月牙形，扭转刚度和弯曲刚度远低于内排屑深孔刀具，主要依靠提高切削速度来提高效率。当发生切削刃损伤、切削刃钝化和切屑堵塞时，易被扭断。

（2）工艺性缺陷

枪钻为工艺性最差的产品。其异形截面的薄壁钻杆，与刀具的对焊，小出油孔的加工，低刚度异形钻杆的校直，一对一地按刀具直径配制钻杆，刀具刃磨和重磨时必须连带一根长长的钻杆等，给枪钻的专业化生产和普及应用造成巨大障碍。

（3）功能方面的缺陷

其不适合较大深孔的加工。不能采用大的进给量（$f > 0.07\text{mm/r}$），刀具很难采用涂层硬质合金和陶瓷等其他超硬材料，限制枪钻的发展；枪钻的质心偏移，既是结构方面的缺陷，又是功能方面的缺陷。

（4）其他方面的不足

枪钻机床仍以专用设备为主。尽管加工范围不大（$\phi 1 \sim 35mm$），但设计、制造很难覆盖 $\phi 35mm$ 以下所有孔径的机床。同时，加工多种深孔零件时，常常需要购置多台不同型号的机床。

1.3.2　BTA 钻的缺陷

① 结构性缺陷。单出屑口 Beisner 深孔刀具最大的缺陷是相对排屑面积小，即使钻孔直径 $\phi 20mm$ 以上时也经常产生堵屑故障。BTA 钻采用了双出屑口、错齿结构，切削刃上磨出断屑台，故刀具结构很复杂，而且是一次性使用的复杂工具。

② 工艺方面缺陷。错齿 BTA 钻结构工艺性较差，专业化程度高，使其成为价格昂贵但并不经久耐用的垄断性产品。

③ 功能方面缺陷。BTA 深孔加工的最小钻孔直径为 $\phi 16mm$ 左右，这是其最大的功能性缺陷；而且 BTA 钻价格很高，其焊接型结构只能一次性使用。机夹可转位型的 BTA 错齿钻寿命较长，但价格昂贵。

④ 其他方面缺陷。缺少内排屑的精加工刀具，限制了其加工能力，BTA 钻床功能单一。

1.3.3　双管喷吸钻的缺陷

内排屑深孔刀具的关键技术在于能否顺畅地排出切屑。双管喷吸钻将射流产生负压效应的机理引入到排屑通道，通过改善排屑效果提高了钻孔效率，这是内排屑深孔刀具的一个重大进步。但双管喷吸钻的设计理论和方法尚不成熟，在结构和工艺上又受到多种因素的制约，导致该技术的应用效果缺乏稳定性，在通用性和经济性方面也不理想。在实际使用中，双管喷吸钻存在以下技术缺点：

① 钻具结构复杂，难以制造，成本太高。

② 负压抽屑功能不理想。$\phi 18mm$ 以下的深孔不能采用此种技术；不适用于钻孔深度超过 1m。

③ 由于喷射口分布在内管上，所产生的抽吸力有限，通常当工件孔深超过 1m 时，抽吸作用不明显。因此，钻孔深度应限制在 1m 左右；否则推动切屑进入出屑口的动量不如 BTA 钻，导致排屑效果不如 BTA 钻。这也是双管喷吸钻无法取代 BTA 实体钻的主要原因。

④ 双管喷吸钻的排屑通道直径小于 BTA 钻，当刀具直径很小时更容易发生堵屑。因此，双管喷吸钻的最小可钻孔直径要大于 BTA 钻。

⑤ 与 BTA 钻相比，失去了切削液对钻杆振动所产生的阻尼作用，容易使钻杆产生扭转。一般采取的措施是：在钻杆支承架部位设置兼有支承作用的振动阻尼装置，或是降低进给量和切削速度。

⑥ 机床的通用性受到局限。不适合加工长深孔，也不适用于多品种小批量深孔零件加工。刀具成本高于 BTA 钻，也难以自行制造。

⑦ 为了使刀具开始切入工件时的正确位置，避免切削液外溅，须在工件上预钻导向孔。

以上存在问题会造成现有喷吸钻装备在功能和加工效果上的差异和不稳定性，对喷吸钻的优化设计、实验研究和推广也形成较大障碍。

1.3.4　DF 系统的缺陷

① 抽屑器设计不成熟。实践中仅在有限范围内替代 BTA 和双管喷吸钻，不能取代枪钻。

② 沿袭了 BTA 刀具系统（无套料刀具）的部分特点：既继承了优点，又沿袭了 BTA 钻的缺陷。

③ 适用于孔深不大、有一定批量的生产。

1.4　BTA 深孔加工直线度多因素协调控制技术

虽然深孔加工已存在了很长时期，取得许多标志性成果，解决了很多困难，但是也还有不少问题尚待深究，具体表现如下：

① 许多学者研究了切削参数是如何影响深孔加工质量的，他们分析了切削材料、切削力、导向条、刀具磨损及刀头结构等对加工质量的影响。部分文献阐释了充满切削液的细长钻杆的固有特性以及轴向力的综合作用对深孔加工质量的影响。但是，还缺少分析切削液对深孔直线度的影响规律，不能揭示深孔直线度与切削液之间的关系，没能给出减小深孔直线度误差的根本措施。

② 在深孔加工的过程中，切削液流体处于两端密封的工件孔与旋转钻杆外壁围成的狭窄缝隙间，其流动特性对加工质量产生重要影响，国内外关于深孔直线度的文献很少涉及深孔负压结构通过减小切削液的入口压力减小深孔直线度等方面的内容；钻杆在高速自转的同时，还搅动着周围的切削液一起旋转，导致钻杆和切削液间的相互作用处在一个特别复杂的受力环境下，在这种特殊的加工状态下很难搭建一套实用的理论框架，许多研究成果的取得都是在之前所取得的经验基础上，或者由特定的假设得出的，使得其适用性受到限制。

③ 国内外关于平面度、平行度、表面粗糙度以及圆度等的测量精度已经达到纳米级别，但是在深孔直线度方面的测量精度方面却不高，尤其是在测量大长径比的深孔直线度方面，其测量精度还在毫米级别，相较于其他形位公差的测量精度，落后了很多。虽然在国内外的相关文献中提出了许多用来测量直线度的方法，但是却很少见到有使用方便、操作简单、稳定可靠、测量高效、精度很高的深孔直线度测量装置。

针对 BTA 深孔直线度控制的特殊要求，应利用多因素协同控制技术，以深孔加工系统中影响直线度的主要因素为研究对象，分析各因素之间的相互抵消机制。影响深孔加工中直线度的因素主要包括：钻头的几何尺寸及结构参数、钻杆的颤振及涡动、冷却液的流动及排屑、辅助支撑的位置、导向套与钻杆之间的偏差等。通过分析各影响因素对直线度的影响程度及各影响因素之间的相互抵消机制，可根据深孔加工直线度精度要求，整体优化设计刀具系统、钻杆系统、排屑系统、检测系统、辅助系统及相关的几何参数、切削参数、振动参数以及断排屑参数等。此外，还应研究流体动压作用下的 BTA 深孔刀具自导向技术、BTA 深孔钻杆振动磁流变液抑制技术、多级负压作用下的 BTA 深孔加工高效排屑及冷却技术、BTA 深孔加工直线度光电精密检测方法、基于压电原理的 BTA 深孔加工直线度主动纠偏技术等；利用多因素协调分析方法，综合研究深孔加工直线度控制技术，以解决深孔加工中的直线度控制问题。深孔直线度控制及装备技术研究总体思路如图 1.10 所示。

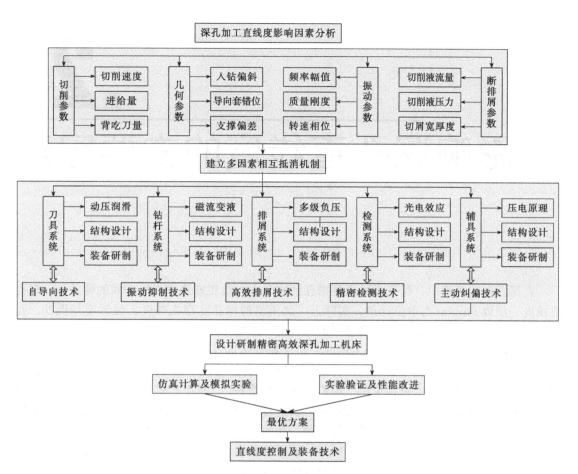

图 1.10 深孔直线度控制及装备技术研究总体思路

1.5 直线度控制问题的主要技术方案

根据以上总体思路，创新设计了 ZWKA-2108 精密高效深孔加工机床，其结构原理如图 1.11 所示，具体包括：一种深孔加工的智能高强度 BTA 钻头，一种带有径向可倾瓦块的深孔加工智能钻杆系统，具有减振功能的输油器、钻杆辅助支撑装置、多级负压抽屑器等关键部件。

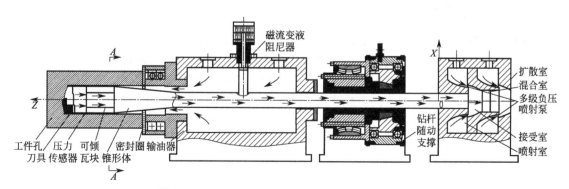

图 1.11 ZWKA-2108 精密高效深孔加工机床原理

第 2 章

影响深孔直线度的主要因素

在深孔加工过程中，深孔直线度是指孔的实际中心线和理论中心线之间的偏差量，深孔直线度一般以 mm/m 为单位计量。实际上，加工出的深孔还存在圆度、位置度等误差。孔的直线度误差会对管状类零件造成壁厚不均，但不影响介质的传输。如果是配合孔（如液压缸、活塞筒），要通过后续的精加工来进一步提高直线度（或圆柱度）及表面质量，但有些情况下（例如枪管、炮管等的加工），孔的直线度误差会影响后续加工工序，最终影响深孔的加工质量。常采取的措施是采用"阴影三角形校直法"，即在孔壁粗糙度不大，能产生肉眼可见光环的情况下，针对孔弯曲部位对外圆进行压力校直，直到孔壁呈现等腰三角形的阴影为止；随后，以孔的基准对外圆进行车削。孔的直线度误差与弯曲常常同时发生，深孔的弯曲属于一种形状公差，深孔轨迹上的每一点可能具有不同的顶角和方向。通常用单位孔身长度的顶角变化（顶角弯强）和单位孔身长度的方位角变化（方位角弯强）来说明深孔轨迹的弯曲强度。凡是加工深孔的轴线偏离了设计的钻孔轴线（包括顶角和方位），都叫作钻孔弯曲，简称孔斜。钻孔弯曲度是实际钻孔轴线偏离设计孔轴线的程度。

2.1 深孔的形位公差

2.1.1 深孔直线度

深孔直线度是限制孔的实际直线对孔的理想直线变动量的一种形状公差。形状公差、方向公差、位置公差和跳动公差四种公差类型构成几何公差，形状公差是对单一要素提出的几何特征，无基准要求。直线度误差是直线上各点跳动或偏离此直线的程度，用于限制一个平面内的直线形状偏差，限制空间直线在某一方向上的形状偏差，限制空间直线在任一方向上的形状偏差。常用的测量方法有直尺法、准直法、重力法和直线法等。

2.1.2 同轴度

同轴度是指两个或者两个以上圆柱的圆心重合度，是指在给定条件下，材料实验机的夹持部件、试样等和受力方向等轴线间同轴的程度。同轴度就是定位公差，理论正确位置即为基准轴线。由于被测轴线对基准轴线的不同点可能在空间各个方向上出现，故其公差带为一以基准轴线为轴线的圆柱体，公差值为该圆柱体的直径。同轴度公差是用来控制理论上应同轴的被测轴线与基准轴线的不同轴程度，即被测轴线相对基准轴线位置的变化量。简单理解就是，零件上要求在同一直线上的两根轴线，它们之间发生了多大程度的偏离，两轴的偏离通常是三种情况（基准轴线为理想的直线）的综合——被测轴线弯曲、被测轴线倾斜和被测轴线偏移。同轴度误差是反映在横截面上的圆心不同心。同轴度测量的一定是回转体零件，比如一个底座上的螺栓孔和沉头孔，由于底座不是回转零件，所以其上的螺栓孔和沉头孔不能应用同轴度。

2.1.3 孔径扩大量

孔径扩大量是指经刀具钻出的孔实际直径比刀具直径增加或减小的量。如果孔径缩小，其扩大量为负值。用通常的双刃钻孔刀具（如麻花钻，扁钻等）加工孔时，由于钻刃磨偏、两刃高低不一致等原因引起切削刃之间切削力不均衡，迫使刀具在偏心状态下加工，形成孔的扩大。深孔刀具作为单边刃刀具则不同，由于径向切削力由导向块承受，所以并不会由切削力造成孔的扩大。单边刃刀具加工后产生的孔扩大或缩小，一般是由于以下一些原因：加工深孔时切削刃产生积屑瘤，外刃上积屑瘤的伸出部分引起孔的扩大。积屑瘤的产生以及它的积聚高度与金属材料的硬化性质有关，也受刃前区温度与压力分布的影响。塑性材料的加工硬化倾向越强，越容易产生积屑瘤。对碳钢来说，约在 $300 \sim 350\,^{\circ}\mathrm{C}$ 时积屑瘤最高，$500\,^{\circ}\mathrm{C}$ 以上时趋于消失。当刀具直径和进给量保持一定时，积屑瘤高度与切削速度有密切关系。

当工件为软材料时易于产生孔径扩大。克服的办法是采用较高的切削速度。在加工深孔时切削热使材料膨胀，钻出的深孔在切削之后因冷却而收缩。对于壁厚尺寸不大的筒形工件，这种情况时有发生。特别是工件材质偏硬时，切削热的过度升高会造成孔的缩小。

刀具外齿拐角处切削刃不锋利，使该部分产生弹性变形而发生让刀现象，也会导致孔径的缩小。导向块在挤压孔壁时，会同时产生塑性变形和弹性变形。其中的弹性变形在导向块通过之后自动恢复。被加工工件的孔壁越薄，弹性变形在总变形中所占的比重就越大，孔的收缩量就更大。如果孔的一边为薄壁，还会同时产生孔的形状误差。由于导向块滞后于外齿拐角（第一导向块通常滞后于外刃拐角点 $\Delta \geqslant 3f$，其中 f 为进给量。第二导向块如果与第一导向块前端平齐，则第二导向块因与第一导向块相差约 1/4 圆周，实际上相对于第一导向块滞后约 $f/4$），所以导向块的前锥部分要承担对切削刃已加工出的孔继续进行扩张（挤压扩孔）的作用。导向块挤压后，孔壁的塑性变形部分，其大小因工件材质而异，并与 f 成正比。由于导致孔扩大和缩小的因素多，所以加工后实际孔径取决于各种因素的综合影响。

2.1.4 圆度误差

孔的圆度误差是指工件的横截面接近理论圆的程度。圆度误差属于形状公差，其公差带是以公差 t 为半径差的两同心圆之间的区域。通常深孔刀具加工出的孔，圆度误差远小于麻花钻。但在孔的长径比特别大时，由于钻杆的悬臂量过大而引起刀具振动会增大，被加工孔会出现有规则的多角形。最常见的是五角形，也有七角形、九角形和三角形的情况。在使用麻花钻、铰刀等分度多刃刀具加工孔时，往往会产生多角形孔。多角形孔产生的原因是由于切削力的变动导致刀具中心抖动，形成孔局部不圆；切削刃和导向块会沿着已有的轨迹，诱发出振动并逐渐增强其振幅，最后形成多角形的孔。减小多角形误差的常用措施有：加大钻杆的刚度；适当降低进给量或改变转速等。

2.1.5　孔的表面粗糙度

孔的表面粗糙度是指对直线方向波度是在基本长度 L_p 内波度曲线上 5 个最大波幅的平均值。深孔刀具由于导向块的挤光作用，其加工粗糙度比麻花钻小得多。加工粗糙度大小取决于工件材质、刀具情况、切削用量、机床条件和冷却润滑液等因素，变动范围较大。如果随意提高对深孔加工粗糙度的技术要求，则会明显降低刀具耐用度，同时增大加工的成本。在深孔加工过程中造成孔的表面粗糙度很差的原因主要是：①主轴旋转速度过低，刀具进给过快，进给量过大，导向条无法充分挤压磨光孔壁；②工件或者刀具旋转速度过快，在切削过程中造成系统的振动过大；③刀具磨损或者导向块破损刮伤工件表面；④加工过程中，刀具导向块与工件内壁接触过紧，使切削液未能在两者之间形成润滑油膜，导向块与工件发生冷汗，撕裂工件表面；⑤切削液质量达不到要求，起不到润滑效果；⑥修正的刀具刀齿不锋利，或者质量不好等。

2.2　影响深孔直线度的主要因素

深孔加工系统由床身系统、辅助系统、冷却系统、钻杆系统、刀具系统等组成，如图 2.1 所示。每一组成深孔加工系统的子系统都会对深孔直线度误差控制起到关键作用。

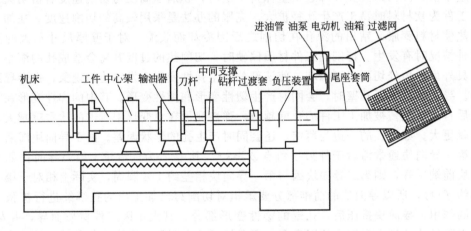

图 2.1　深孔加工系统

如图 2.2 所示为用 T2120 深孔加工系统加工的深孔工件，其材料为 AISI 1020 钢，尺寸 $\phi280\text{mm}\times2300\text{mm}$；加工完成后，经测量，深孔孔心偏斜超过 60mm。

2.2.1　机床和辅助系统对深孔直线度的影响

机床振动和外部振动的干扰、机床主轴的精度及机床本身制造精度等因素都会引起孔轴心的偏斜。主轴回转中心与卡盘（或其他夹具）中心存在误差。此误差将作为一项固定误差而存在于所有工件中。因此，当同一机床加工相同零件时，会产生相同的误差趋势；减小机床误差，可以减小工件的同一误差趋势。同时，因机床部件制造和机床装配而存在的同轴度误差，以及导轨的制造误差，都会造成被加工孔偏斜或弯曲。可以通过增加机床加工精度和

(a) 工件一端   (b) 工件另一端

(c) 工件整件

图 2.2　深孔工件

装配精度来提高机床的精度，也可以通过改变工件的装夹、定位方式，改变工件的结构，实现提高深孔零件的直线度，减小深孔轴心偏斜量。但是，由于深孔机床的床身和钻杆特别长，对床身上各部件同轴度误差的检测控制和调整通常具有很高难度。一般通过控制加工系统各部分的位置精度来提高钻孔尺寸精度，即控制机床卡盘、导向套（或导向孔）及连接器内孔三者的同轴度误差必须小于 0.03mm。严格控制导向套或者导向孔与刀具之间的间隙，并尽可能采用导向套旋转的方式，以便保证钻孔的尺寸精度，保证足够的切削液流量和选用抗黏性好的导向块材料，可防止堵屑和导向块上的切屑黏附等。

因主轴轴承磨损等原因而出现的主轴振摆，会造成加工深孔轴心偏斜量的增大，降低刀具的耐用度和孔的表面质量。要消除振动，可选用合适的减振方式。切削液通过已加工孔壁与钻杆外圆之间的环形空间均匀流入，对钻杆形成柔性支撑，可减小振动。有关资料表明，采用高压脉动方式供给切削液是最有效的，它既可以使加工过程稳定，还可以显著地减小刀具的偏移，切削液脉动供给的原理类似于低频振动加工的原理。除此之外，在钻杆上附件减振装置，可以有效地抑制振动；可以采用磁流变液抑振原理，也可以使用机械式的防振钻杆，两者的共同点都是通过提高系统的阻尼系数来达到减少系统振动的目的。

2.2.2　工件方面的因素

工件材料硬度的一致性对深孔轴心偏斜及加工粗糙度有明显影响，特别是刀具刚切入一段材质硬度有明显变化的情况时，刀具会产生"避硬趋软"的倾向，这种倾向最终会导致深孔直线度超差，造成工件的报废。通过提高被加工工件的质量，可减小深孔直线度误差。被加工工件的质量包括几何质量和物理质量。几何质量主要是指被加工工件表面的几何尺寸。首先要求粗车工件毛坯外圆和端面，并保证端面外圆轴线垂直和外圆圆度误差，同时保证加工深孔和外圆柱的同轴度，这样可以减小工件离心力，保证入钻时刀具与工件端面垂直。物理质量主要指被加工工件材料的质量，在深孔加工前，应对工件先进行调质或时效处理，减小工件因硬度不均和残余应力对加工深孔轴心偏斜的影响。对于非淬硬的塑性材料，预先进行正火处理，效果较好。200～250HB 的调质钢可加工出表面很光洁的孔，但切削速度不宜过高，否则会明显地降低刀具寿命。

棒料弯曲会对深孔加工轴心偏斜量带来不利影响，主要原因是：首先棒料弯曲会在工件的端面形成倾斜同时造成刀具导向孔的倾斜；其次，任何一端的弯曲都会导致不正确的夹紧定位方式，最终造成深孔轴心的偏斜；最后，高速旋转的弯曲工件会由于离心力而产生振摆，从而干扰刀具的正常走向。因此，采用工件旋转刀具进给方式加工时，棒料必须预先进行严格校直。

工件材质主要影响内排屑深孔刀具的平均经济加工精度等级范围。硬度200HB以下的一般钢材，加工精度为IT8～IT10；200HB以上的调质钢，加工精度略高一些。但如果是超深孔，刀具直径的磨损量会使孔径尺寸变化范围增大。灰铸铁和球墨铸铁的钻孔精度与钢材相当，铝合金的加工精度为IT7～IT9。当深孔的尺寸精度超过IT8时，需要在钻孔之后进行后续的精加工。

2.2.3 孔的加工形状

2.2.3.1 叠孔的加工

如图2.3所示为叠孔的加工方式，要加工两个彼此重叠的孔，可通过堵塞第一个孔来加工第二个孔。通常是用插入与孔径大小相同的棒料来填充第一个孔，同时需要棒料与已加工孔有很高的配合精度。此时为避免划伤已加工表面，要求棒料外壁有很高的精度，同时为避免加工出第二个孔的轴心偏斜，要求插入棒料的硬度略小于工件材料硬度，也可选用与被加工工件相同的材料作为棒料。这样做的好处是：加工过程中刀具能够不间断切削加工第二个孔；保证了加工过程中切削液不会因已加工第一个孔而发生泄漏；保证了切削液足够的压力；不至于因为刀具受力不均使第二个孔的加工出现孔轴心的偏斜。刀具在加工第二个孔时，因为棒料加入的原因会造成加工成本的增加。在叠孔加工的过程中，一般是先加工直径较小的深孔，再加工直径较大的孔。主要是因为在小孔加工过程中材料的去除量相对较小，这样既保证了加工第二个孔时刀具受力均匀，不易产生刀具的走偏，同时也节省了需要填充的棒料的质量。但是这些因素也不是绝对的，主要决定因素是材料的加工工艺和成本综合考虑。

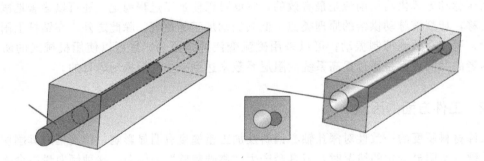

图2.3　叠孔的加工方式

2.2.3.2 偏心孔的加工

如图2.4所示为偏心孔的加工方式。当沿着工件的边缘加工孔时，加工过程中所产生的热量将导致刀具会朝着较薄的壁方向偏移。这是由于材料薄壁方向散热效果较壁厚的位置效果好，从而使大量热向薄壁方向转移，造成沿薄壁方向温度分布的梯度急剧变化；同时，工件材料在较高温度下，材料分子的活性增强，使材料强度发生微弱的减小；另外壁厚过薄的零件，受到切削力和导向块挤压的作用时，薄壁处的弹塑性变形量要大于厚壁处的变形量，从而引导刀具向薄壁方向偏移，最终导致深孔轴心的偏斜。在这一过程中，材料的塑性形变量和温度场的分布共同导致深孔轴心的偏斜。通常在钻孔前应将工件进行严格校直和定位，同时在较薄壁一端夹紧其他材料，使热量场和受力场的分布呈均匀状态，以抵消薄壁深孔轴线的偏斜。所选用的夹紧材料的导热效果和强度要求很好，这样可以对工件起到辅助支撑和加速传热的作用；而且，经钻孔后的薄壁筒，其孔径尺寸收缩量也较明显，壁厚不均处孔的圆度误差也较大。对于圆柱形状的工件，当要求打偏心孔时，深孔轴心偏斜的现象也表现得极为明显。为防止轴心的偏斜，一般采用工件固定刀具旋转进给的方式对材料进行加工，主要原因是对于偏心孔的加工，在工件运动过程中不容易确定轴心。

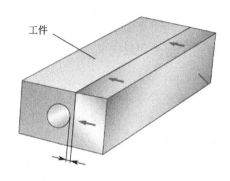

图2.4　偏心孔的加工方式

2.2.3.3　导向孔的加工

导向孔的主要作用是对工件定心和实行轴向顶紧、对刀具进行导向。导向孔的内腔与车床的尾顶尖相似，通常加工成60°锥面。这种拥有工件后顶尖作用的空心顶尖，是棒料毛坯加工深孔时常见的一种定位和刀具导向方法。采用这种定位方法的棒料，在钻深孔之前一般应先切平端面，预钻顶尖孔并粗车外圆，以保证在工件旋转情况下发生振摆。棒料毛坯采用工件旋转方式加工时，如果预制刀具导向孔（60°内外锥或圆孔）与该处外圆同轴度有误差，会使刀具在入钻过程中，中间刀片先接触到工件，之后是中心刀片、边齿接触工件，最终在导向块接触工件内壁实现刀具导向功能。在刀具实现自导向过程中，刀具在径向截面的受力处于不平衡状态，同时在轴向截面随着切削深度和接触材料的增加，刀具受到的轴向力会逐渐变大。由于径向截面的受力是一个不断变化的动态过程，这就造成刀具在入钻过程中受到的合力是动态变化的，引发不规则的振动。当中间刀片在中心刀片之前先进入工件将会使得刀具以错误的方向运动，导致导向块无法正确导向，深孔的轴心就会发生偏斜。因此在预制导向孔时，导向孔要和该处外圆有很高的同轴度。如图2.5所示为工件的导向孔结构。

深孔轴心偏斜的主要原因是刀具内刃与工件形成的定心锥体是否稳定可靠，通过使用一个较大的预钻孔，中间刀片将先进入工件，并在正确方向上产生一个切削力，此时刀具将用作扩孔，导向块将保证孔径轴心偏斜量的要求，产生稳定的定心锥体。导向精度取决于输油器中心与机床回转中心的同轴度误差、导向套内外定位面的同轴度误差、导轨的直线度误差、导向孔与刀具的配合精度等。导向套材料一般采用高强度合金钢，淬火硬度在55HRC以上。目前，在高精度深孔加工中常采用硬质合金导向套，以提高导向套导向精度的保持能力。如不用预制导向孔而从工件端部直接钻入，就必须使用中心架支承工件的切入端外圆。此时，中心架对工件的定心误差与导向孔的误差影响效果相似，但必须保证工件切入端有很

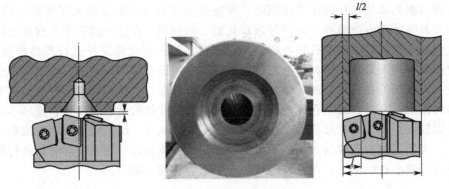

图 2.5 工件的导向孔结构

好的平面度和垂直度。刀具的导向一般采用导向钻套,而不是采用导向套引导刀具的方式。

2.2.3.4 对深孔直线度的影响

由于孔深与孔径的大比率,再加上对零件的高精度要求,因此在实际的加工过程中需要支撑刀具。通常会在刀具刀体上加装导向块,使其作为导向支撑,这样不仅可以平衡切削力,还可以沿着已加工孔的表面对刀具进行导向。刀具的导向开始于导向套,导向套的作用是导向和支撑刀具。从初始加工位置直至工件加工完毕,导向块能够沿着已加工孔表面定位、支撑和导向刀具。深孔加工刀具的结构更适于加工非倾斜表面的起点与终点。如果需要倾斜的初始钻入并且导向套的结构符合倾斜端面的工件时,可以选用适当的深孔加工系统进行加工。另外,在倾斜钻入和加工交叉孔时,应该使用特殊结构的导向块。随着钻杆支撑的设置,对于浅孔加工而言,导向块的设计参数会影响所加工孔的表面粗糙度。导向块的磨损或不正确的导向套旋转方法会引起深孔轴心的偏斜,并且随着孔深的增加,这种轴心偏斜会更加严重。刀具导向套的错位也会影响孔轴心偏斜。为了尽量减少深孔轴心偏斜,在深孔加工中应该尽量减少导向套的错位,可利用控制导向套的弹性形变方向抵消导向套微量错位带来的影响。一般情况下为避免导向套错位,通常将导向套尾部加工得很长,并与导向套支撑部件做成精密的配合方式,以此来起到支撑和定位的作用。如果导向套倾斜或者产生横向的移动,刀头会被迫远离深孔轴心;同时,导向套支撑部件与主轴(卡盘)回转中心之间的同轴度误差,导向套孔与其外部 60°锥面之间的同轴度误差,导向套定位面与配合孔之间的间隙,都会直接影响刀具的正确导入,最终造成深孔轴心偏斜。在深孔加工过程中要寻找最佳定位和稳定的最小距离 L 和中心最大偏差 D,一般中心最大偏差 D 不得超过 0.02mm。刀具与工件的对中误差如图 2.6 所示。

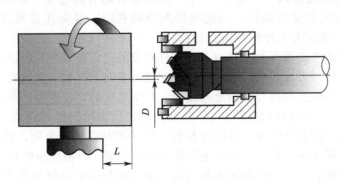

图 2.6 刀具与工件的对中误差

2.2.4　冷却系统

冷却系统主要包括电动机、冷却泵、压力表及切削液和切削液箱等部件，如图 2.7 所示。冷却系统的整体结构、冷却流道的结构形状及密封性能、冷却泵的输油参数、切削液的类型、切削液箱等都对深孔加工的加工质量和深孔加工轴心偏斜有重要作用。在加工系统中，切削液起到冷却和润滑刀片，提高刀具耐用度，延长刀具使用寿命的作用；切削液可以带走大量切削热量，保证了整个加工过程在适当的温度范围内高效工作；高压切削液会带走大量切屑，保证了深孔加工过程中的顺畅排屑。切削液系统在正常压力和温度下可为刀具提供充足、干净的切削液。

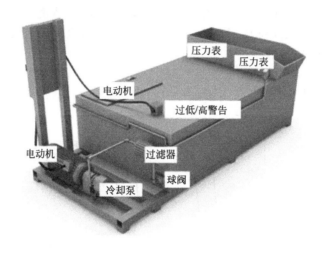

图 2.7　冷却系统

2.2.4.1　冷却泵

压力和流量是冷却泵设计的两个基本参数。深孔加工可应用不同的冷却泵，如齿轮泵、螺旋泵、柱塞泵等。如果切削液需求量大，可以连接两个或两个以上的冷却泵，以获得足够的切削液供给量。为避免切削液的过度消耗，冷却泵应配有合适的密封系统，切削液要有适当的挥发系数和黏度系数；同时，使用可溶性乳化液应保证溶液含有足够的添加剂以获得必需的润滑性能。

2.2.4.2　切削液

具有导向块的深孔刀具所加工出孔的表面质量部分取决于切削液质量。市场上有适合于深孔加工用的专用切削油，这种切削油含有 EP 添加剂，可适合于刀刃表面高温环境和导向块表面高压环境的要求。如果选择可溶性乳化剂，稀释比至少应为 1∶10。切削液的良好过滤基于两个重要条件：第一，所需钻孔的表面质量和导向块的过度磨损特性；第二，防止冷却泵磨损及损坏。常用的方法有带式过滤器、间隙过滤器、自动过滤器和磁过滤器等。适当的切削液过滤（精度达 $10\sim20\mu m$），可显著提高刀具的使用寿命。

纯切削油：未混合水的纯油，通常是矿物油、脂肪油与其他 EP 添加剂的混合物。这种混合剂的最适宜温度应介于 $30\sim40℃$ 之间；否则，将会快速分解。采用油式切削液可显著改善刀具的使用寿命并可获得一致的断屑性能，比采用乳化液更为方便、简单。

乳化液：是水载体中油的离散，它综合了油的润滑属性和水的导热能力。维护这种混合物需要多种添加剂，例如乳化液、润滑油、抗菌剂以及 EP 添加剂。这些成分作为浓缩液使用时，必须由用户按照规定的配方在清洁、受控的条件下小心制备。

乳化液非常适合于高速加工，也适合于一个中心供应多个机床切削液的场合，可在使用期间用于清洁工件，但纯油不可用于清洁工件。乳化液配制过程相当复杂，并且还必须谨慎地监控，即便是机床空闲或使用期间也要维持其混合属性。对于选择切削油还是乳化液存在非常显著的差别。通常，首选切削油，这样可以使刀具的使用寿命延长高达 30%，同时也会得到更好的断屑一致性和更宽的断屑范围（图 2.8）。也可以使用乳化液作为冷却液，主要有以下几点原因：①如果加工是在生产线上或有中央系统的一些机床上进行钻削，则使用无添加剂的纯油（即纯切削油）将可能会比较复杂；②在加工中心进行钻削时，多数加工为高速加工、二次加工，可以在加工过程中应用乳化液来清洁工件；③使用切削油时，在下一道工序或入库前，有时需要清洗工件以去除油层；④当用乳化液时，如果机床未连续使用，则有停滞的危险。当机床闲置时，冷却箱应当进行通风，以防止乳化液失去活性。

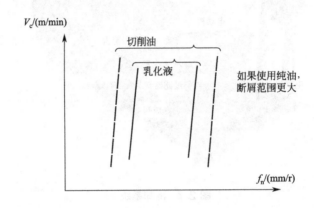

图 2.8 纯油的断屑范围

2.2.4.3 切削液箱

切削液箱容量为冷却泵每分钟最高排量的十倍，以保持沉淀灰尘和散热。在多数场合下，不干净的切削液分隔室上面有间隙型切屑容器。清洁切削液分隔室上有节气门，允许气体逸出。油箱容积应足以提供有效的过滤和冷却。一般而言需要安装过滤装置以从切削液中分离切屑和小颗粒杂质。油箱的排出时间宜有 5~10min 的有效冷却时间。几乎所有切屑变形能和多数由泵产生的功率都转化为了热量，切削液吸收了这些热量。当切削液温度超过 55℃时，刀具和泵得不到适当润滑，切削液便会迅速老化。切削液的最适合温度应在 30~40℃之间。大切削液箱能在工厂里提供充足的气体循环冷却效果。对于连续生产，使用水或制冷剂作为切削液的效果较好。切削液的润滑作用，对于保证导向块的挤光作用和降低切削刃的磨损至关重要。因此，深孔加工中一般不采用水性乳化液，而采用专用的硫化氯化切削油。切削液必须得到很好过滤，以降低钻孔的表面粗糙度。当没有套管来引导切削液时就需要一个深的导向孔。孔的直径公差相对钻孔直径而言应是正公差。

在加工期间产生的加工能量是最大的热源，因此切削时间是切削液温度上升的决定因素。冷却泵也会排出能量，并且所有的排出能量都转化为了热能；而 95% 的热能则由切削液所吸收。当切削液温度高于环境温度时，则油箱便会散热。如果油箱封闭，则热散失将大幅减少。工件一般在室温下有一定的冷却效果。

2.2.5 刀具与工件相对运动方式的影响

图 2.9 是刀具与工件的几种相对运动方式，其中最小的孔轴心偏斜量是由刀具和工件相对旋转得到的。如果刀具和工件以相反的方向分别做进给或旋转运动，刀具在工件上切削时会有较高的相对运动速度。

较小的孔轴心偏斜是由工件旋转得到的。对于非旋转刀具，孔的轴心误差一般表示为 $0.1\sim0.3$mm/m。

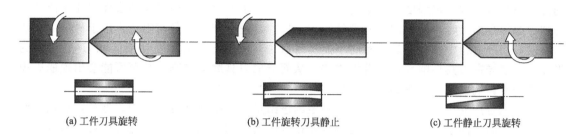

(a) 工件刀具旋转　　　　　(b) 工件旋转刀具静止　　　　　(c) 工件静止刀具旋转

图 2.9　刀具与工件的几种相对运动方式

刀具旋转进给的缺点如下：钻杆的刚度低，一旦由于某些原因使刀具切入时偏离预定路线，它就会继续偏斜下去而无法自行纠正；由于钻杆自身的弯曲或夹持不正等原因，易产生振动而增加孔的粗糙度。实践证明，在钻套间隙适当及刀具引入方向正确、工件材质均匀的条件下，采用刀具旋转进给方式加工固定工件上的一组平行深孔时，各孔切出端的中心距均达到 ±0.2mm 以内；且孔表面粗糙度达 $Ra1.6\mu m$。工件固定的明显优势在于影响孔倾斜的主轴、工件等许多因素因加工方式的变化而不再存在；与枪钻加工因质心偏离中轴而偏斜的情况有所不同。

对于旋转刀具，加工短孔时孔轴心偏斜相对较小。刀具旋转，工件静止的方式将使得孔轴心偏斜量增加。这是因为刀具在入钻过程中，刀具的旋转使导向套与刀具不易形成精密配合，从而影响了导向套入钻前的导向能力；同时，刀具在旋转过程中，刀具进入工件后产生的振动及旋转扭矩，极易使刀具受合外力偏离导向块，使刀具走偏；而且由于钻杆的偏差原因，在加工长孔时其孔轴心偏斜量将相对增大。对旋转刀具而言，孔的轴心偏斜误差一般近似为 $0.1\sim0.3$mm/m。

对于回转体工件钻同轴孔，可采取工件旋转刀具反向旋转进给方式。其好处是即使刀具切入工件时稍许偏离工件轴线，由于工件旋转，因此最初钻出的孔只有直径上的缩小（当切削刃切入工件而导向块尚未进入时）或扩大（当导向块开始进入时），只要钻套与刀具之间的间隙不大，即使钻套有一定的偏心，也不会造成孔的偏斜。采取何种方式更为合理，主要取决于工件的结构形状、尺寸和重量，而不是首先从不同加工方式产生的加工误差大小来考虑。

2.2.6 切削参数

在选择加工的切削参数时，主要考虑的因素是刀具的断屑情况。选择系统的切削参数可以通过以下方法。首先检查电动机额定功率是否足够，确定机床留有效率余量。从较低值的范围内开始选择切削速度，一般材料的切削速度可以选择在 $70\sim100\text{m/min}$ 的范围内开始。从较低值的范围内开始选择进给速度，然后逐渐增加进给速度。切削速度和进给量也影响着断屑形式。可用同一把刀具以不同的切削速度和进给量组合在相同的材料上试运行，一旦进行一系列运动后，便可获得用于研究的不同切屑形状；从而可针对特定的刀具和材料，获得令人满意的切屑形状。可通过增加或降低切削速度来缩短所获得的切屑。因此，可以做断屑实验，通过短暂的运行获得足够切屑，通过切屑的形式，可选择合理的切削参数。

随着切削速度的增大，已加工孔的表面粗糙度值都有先减小后增大的趋势。这是因为，刀具在较低的加工速度下，工件产生了塑性变形，使已加工孔的表面粗糙度值有逐渐减小的趋势。当其减小到一定程度时，随着加工速度的进一步增大，已加工孔的表面粗糙度值开始增加。原因是加工时，随着加工速度的增加，切削过程会产生大量切削热。由于材料的导热性不同，切削过程中产生的热量有时不能及时散去，大部分会集中在切削区和刀-屑接触的界面上，这样在刀具切削部位会升温很快，从而造成刀具磨损加剧，甚至可能会出现崩刃现象，进一步影响已加工孔壁的表面质量。

为达到生产要求，大多数材料会有一定的进给量和切削速度变化范围。但是，确定某些难加工材料的切削参数时，还要考虑刀具磨损与断屑之间的关系。加工过程中可能出现这样的现象：切削刃中点或中部能够获得好的切屑形状，而刀刃边缘则会产生长的切屑。为了获得短切屑，常常增大进给量，切屑在中点或中部卷得较紧。如果刀刃中点产生厚长带状压实切屑，可通过减少进给量来校正切屑形状。还可降低切削速度（对缩短切屑有影响），从而在刀刃边缘产生可接受的切屑。某些难加工材料如镍钢，可在整个刀刃上产生可接受的断屑形状，因而有必要降低切削速度至 40m/min。

为控制孔轴心的偏斜量，通常采用以下方法：

① 在深孔加工方式中通过工件的结构形状、尺寸和质量选择最佳的切削方式，加工孔的深度达到一定数值时，孔壁的导向作用使得钻杆弯曲造成的影响减小。此时，可以采用较高转速及适当加大进给量。

② 合理选择刀具几何参数。在选择导向块位置角时，考虑刀具的稳定度 $S>1$；选择刀具几何角度和各错齿的切出量时，首先应考虑径向切削力的平衡性，径向合力要指向导向块，尽量减小切削力对刀具头部的力矩，减小刀具的入钻倾斜角。例如，错齿 BTA 刀具加工出的深孔比单孔 BTA 刀具加工出的深孔轴心偏斜量要小，就是因为错齿第一导向块受力小于单齿钻的第一导向块，刀具的稳定性要好。

③ 对于错齿深孔刀具，在相同的切削条件的情况下，中心齿、中间齿和边齿得到的切削形状有本质区别。这是因为当刀具以相同的角速度旋转的同时，在不同直径处的线速度是不相同的，最终造成在同一切削条件下，切削速度的差别。而此时刀具上不同刀齿的进给量却是相同的，最终造成切屑切除量及切屑形状的不同。此外，还要注意：

① 在机床功率和钻杆刚度允许的情况下，提高刀具进给量可以增加导向块的挤压力，从而降低加工粗糙度，但进给量的加大不能诱发钻杆振动。

② 切削速度对加工粗糙度的影响类似于用硬质合金刀车削外圆。应避开产生积屑瘤的切速区。对于中低碳未淬硬钢，切削速度应适当增大，粗糙度随切削速度的提高而不断改善。对于铝合金，提高切削速度的效果更为明显。对于调质碳钢及低合金钢，加大切速虽有利于提高孔表面质量，但会降低刀具寿命并导致切削液快速升温，应综合掌握。

2.2.7 钻杆系统

钻杆在加工深孔时可用于连接尾座和刀具的杆件并传送动力。钻杆就是一根尾部有螺纹的钢管，但是其强度必须能够承受钻孔所带来的压力、扭力等作用力。因此，钻杆需要具有以下一些条件：①当进给量比较大时，要能保持足够的刚度和强度；②具有良好的尺寸精度和形状精度；③装卸方便，容易制造。

钻杆自身重力、刀具作用力及钻杆所受到的扭矩、弯矩，钻杆的振动等都会对深孔加工轴心偏斜产生重大影响。钻杆的失稳也将引起加工深孔轴心的偏斜。当钻杆承受轴向压力而保持其直线状态不变时，则这种弹性平衡是稳定的。此时将一横向扰动作用于钻杆时，钻杆会发生弯曲形变。当轴向力逐渐增加到某个数值时，钻杆的平衡位置不再固定，超过临界载荷状态时，钻杆就将出现大挠度扭曲，呈现出失稳状态，影响深孔轴心偏斜量。钻杆自重引起的弯曲变形也是导致深孔偏斜的另一个重要因素（图 2.10）。通过提高钻杆的刚度是有效控制钻杆自重对孔轴心偏斜量影响的有效方法；同时，可在钻杆的中部附加安装 1～2 个可沿着导轨滑动的中间支撑架，也可通过在钻杆的前端设有导向套来提高钻杆刚度。

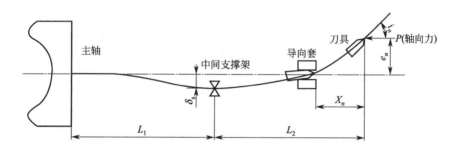

图 2.10 钻杆自重引起的孔轴心偏斜

假设刀具导向套错位是 δ_s（图 2.10）。当刀具穿过工件，轴向推力 P 开始影响刀具倾向。在增量运动中轴向推力 P 产生的倾斜量符合欧拉理论。由于轴向推力 P 较大，孔轴心线的偏斜量较大，可达 $0.3\sim0.5\text{mm/m}$。可以通过加强导向或适当增大刀具锋角来减小钻孔的偏斜；也可以减小加工径向力，这样有利于降低导向块的磨损从而减小孔轴心偏斜量。但是，径向力既不可太小，也不可太大：太小的径向力会使刀具导向削弱，容易产生振动；太大的径向力容易破坏导向的油膜，使导向块的磨损较快。一般设计刀具的顶角为最佳角度 $150°$，这样既可以减小轴向推力 P 对深孔轴心偏斜量的影响，同时又保证了径向力不至于过大，造成导向块的过度挤压。也可以改变刀具角度和刀齿宽度以减小孔轴心偏斜量，但必须保证径向合力始终压向导向块，不允许偏离导向块的方向。

第3章

深孔加工的直线度误差方程

直线度公差是一项最基本、最原始的形状公差。我国的国家标准和国际上的标准在直线度公差上的定义是完全一致的，它们都可以根据空间向量在三维坐标系中的大小和方向的不同将直线度公差分为三种情况：①某一平面内的空间向量对应给定平面内的直线度，即对于被测表面的直线必须位于某一投影平面内且距离为公差值的两平行直线之内；②某一方向上的空间向量对应给定方向上的直线度，即对于被测圆柱面来说，其被测圆柱的任意素线必须位于距离为公差值的两平行平面之内；③三维空间的任意向量对应任意方向上的直线度，即对于被测圆柱面的轴线必须位于直径为公差值的圆柱面内。直线度误差与直线度公差一样也被分为三种情况，且误差的三种情况与公差的三种情况一一对应。

深孔直线度误差是指被测实际孔中心线与理想孔中心线的变动量，理想孔中心线的位置应符合最小条件，深孔直线度的测量实质上是对任意方向空间直线度的测量，它包容了实际直线及所有误差测点；同时，圆柱面直径内的区域最小，其值等于所有包容圆柱面的最小直径，即在所有包容区域中，最小区域的宽度。空间直线度误差的评定算法主要有两端连线法、最小二乘算法和最小包容区域法，每一种算法针对给定平面、给定方向和任意方向的直线度误差都有不同的形式；直线度的检测方法主要有直接方法、间接方法和组合方法，每种检测方法又细分为很多具体方法。由于空间直线度评定的非线性和不可微性，使最小包容区域算法的求解非常困难，对于两端连线算法虽然简单，但其评定结果有时候会带来很大的误差。如果实际曲线误差各点在该误差曲线全长两端点连线的同一侧时，两端连线法的评定结果与最小包容区域法评定的结果相等。如果曲线误差分布在两端点连线的两侧，最小包容区域法的评定结果更加准确。相对于其他方法，最小二乘法简单方便、精度较高、易于计算，成为目前最普遍使用的方法。

3.1 深孔加工中的参考圆

3.1.1 最小二乘参考圆

最小二乘参考圆是圆的轮廓，要测量圆的轮廓与轮廓曲线件内部面积之和等于外部面积之和，即最小二乘参考圆轨迹与实际内外轮廓曲线相交构成的封闭区域面积差值的方差值最小，如图 3.1 所示。评定圆度和回转精度时，经常使用最小二乘参考圆作为参考的标准圆，英国、美国国家标准中曾给出了确定最小二乘参考圆圆心坐标 $(a，b)$ 和半径 R 的计算公式。

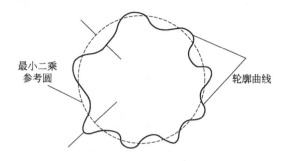

图 3.1　最小二乘参考圆

$$
\begin{cases}
a = \dfrac{2}{n}\sum x_i \\[2mm]
b = \dfrac{2}{n}\sum x_i c \\[2mm]
R = \dfrac{1}{n}\sum r_i
\end{cases}
\tag{3.1}
$$

上述公式是在一定的假设条件下推导出来的，它的计算精度与坐标架位置及采样点分布等因素有关，而坐标架的设定位置在实际工作时只能依靠预先估计，如不能满足这些假设条件，则可能产生较大误差。当利用最小二乘圆来评价轮廓曲线的圆度误差时，必须首先求出一个最小二乘圆值 LSC（least squares circle，LSC），作为评价误差的标准。

3.1.2　最小区域参考圆

如图 3.2 所示，对于最小区域参考圆 MZC（minimun zone circle，MZC）的定义是物体径向剖面轮廓曲线最高峰与最低峰之间的区域，它的大小是两个同心圆的半径差，并且是完全包容测量点的两个最小区域参考圆的差值区域，且区域半径差值最小。

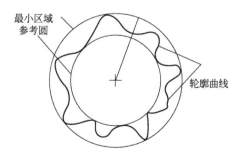

图 3.2　最小区域参考圆

3.1.3 最小二乘参考圆柱

如图 3.3 所示，通过计算每个被测圆的最小二乘圆 LSC 的圆心，可以拟合计算得到最小二乘参考圆柱，这个圆柱包容所有测点数据，同时最小二乘圆柱的轴心线是所有测点圆心坐标拟合出的一条最小二乘直线。

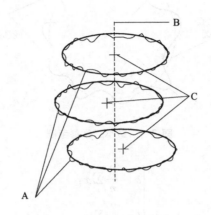

图 3.3　最小二乘参考圆柱
A—测量数据；B—圆柱轴线；C—最小二乘中心

3.1.4 最小区域参考圆柱

通过拟合被测数据两个同轴心线圆柱之间的区域可以得到最小区域参考圆柱，但要求这两个被拟合同轴心线圆柱之间的间隔最小；可以通过圆柱轴线的每个被测圆选定的数据点拟合得到圆柱区域，再进一步处理计算得到同轴心线圆柱（图 3.4）。

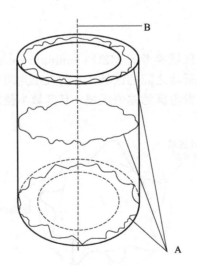

图 3.4　最小区域参考圆柱
A—测量数据；B—圆柱轴线

3.2 直线度误差描述

平直度是指表面元素是一条直线的情况，一个平直度公差指定了公差带宽度均匀沿着一条直线，所有的点必须在该直线上。直线度是一种控制形式，在这种控制中，元素（通常为纵向表面）都被限制在有限的公差内。直线度公差是一种用于控制圆柱或圆锥形表面纵向元素的形式。直线度要求适用于一条直线在一个方向（通常纵向）的移动来控制或测试的整个表面。直线度公差带理解为"这个表面的每一个纵向元素应该严格地控制在确定的公差带宽度内"。一个圆柱体部分的直线度公差可能被认为和其他元素结合的形式，比如圆度和平直度相结合起来，因为"圆柱度"可以提供更多有效的控制。图 3.5 是关于直线度误差的描述。

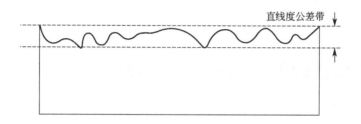

图 3.5 直线度公差带

如图 3.6 所示，某一深孔直线度误差空间测量点的样本空间为 $R = P_i(x_i, y_i, z_i)$，$i = 1, \cdots, M$。若 M 个样本的空间拟合直线 L_f 通过某一特定点 $P_0(x_0, y_0, z_0)$，且其方向矢量为 (l, m, n)，可算出其空间拟合直线 L_f 的方程为

$$\frac{x - x_0}{l} = \frac{y - y_0}{m} = \frac{z - z_0}{n} \tag{3.2}$$

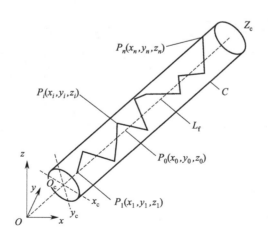

图 3.6 空间直线度误差测点坐标系

其参数方程为

$$\begin{cases} x = x_0 + lt \\ y = y_0 + mt \\ z = z_0 + nt \end{cases} \tag{3.3}$$

式中，t 为参数。

对方向矢量为 $(l，m，n)$ 进行归一化处理，得

$$l^2 + m^2 + n^2 = 1 \tag{3.4}$$

由深孔表面空间任一点 $(x，y，z)$ 到直线 L_f 的距离等于包容圆柱面的半径 r，得

$$[m(x-x_0) - l(y-y_0)]^2 + [n(x-x_0) - l(z-z_0)]^2 + [n(y-y_0) - m(z-z_0)]^2 = r^2 \tag{3.5}$$

由上式可得，要确定理想最小区域包容圆柱面的大小、方向和位置需要知道 x_0、y_0、z_0、l、m、n、r 七个参量。

3.3 深孔钻杆的能量及直线度方程

在深孔加工过程中，旋转钻杆在充满切削液的狭长工件孔径里工作，受压、弯、扭和流体力载荷的叠加效应，导致钻杆的受力环境较为复杂。因此，深孔直线度误差的研究也更加困难。深孔加工钻杆与钻头如图 3.7 所示。

图 3.7 深孔加工钻杆与钻头

实际深孔加工过程中是将深孔的弯曲变形或深孔加工轴线的偏斜量来作为深孔加工的直线度误差进行判断计算的。实际加工过程以深孔钻杆的偏斜来估算深孔加工的直线度误差。回转钻杆系统如图 3.8 所示。

其中，L_c 为钻杆加工深度；F_{x_1}、F_{x_2} 为钻杆在 x_1、x_2 负方向的切削液流体力分量；F_{cx_1}、F_{cx_2} 为钻杆在 x_1、x_2 负方向承受切削力的波动分量；P_c 为纵向进给力；Δx_1、Δx_2 为钻杆在 x_1、x_2 方向上的偏斜量；ω 为钻杆转速。

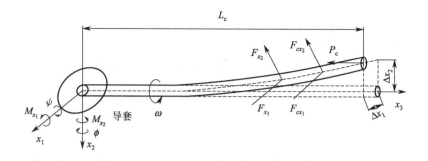

图 3.8 回转钻杆系统模型

如图 3.9 所示，钻杆的基本假设如下：①钻杆在长度方向上截面均匀；②截面部分沿几何中心线未变形，不考虑泊松效应及壁厚方向的应力；③每个横截面都处于平衡状态且质心位于几何体形心，钻杆的密度是均匀的；④综合轴向力 P 作用于钻杆端面；⑤钻杆以转速 ω 恒速转动；⑥钻杆材料各向均匀同性。

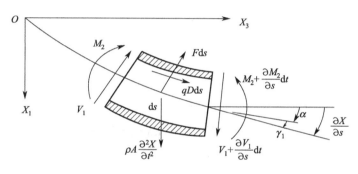

(a) 钻杆单元受力图

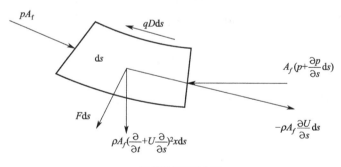

(b) 流体单元受力图

图 3.9 钻杆和流体单元受力图

3.3.1 Hamilton 原理

由广义 Hamilton 原理可知，钻杆的真实运动轨迹是哈密顿作用量 S 取驻值的运动，可以得到旋转钻杆运动方程：

$$\delta \int_{t_1}^{t_2} (T - V + W) \, \mathrm{d}t = 0 \tag{3.6}$$

式中，V 为系统的势能；T 为系统的动能；W 是纵向进给切削力、切削液流体力等综合所做的功。

3.3.1.1 深孔加工系统的势能

旋转钻杆总应变角度等于钻杆剪切角和钻杆弯曲应变角度之和:

$$\begin{cases} \dfrac{\partial x}{\partial s} = \alpha + \gamma_1 \\ \dfrac{\partial y}{\partial s} = \beta + \gamma_2 \end{cases} \tag{3.7}$$

式中,α、γ_1 为 Oxz 面内的弯曲应变角和剪切角;β、γ_2 为 Oyz 面内的弯曲应变角和剪切角。

任意一点 $(\bar{x},\bar{y})$ 的轴向位移 W 可以表示为

$$w = -\bar{x}\alpha - \bar{y}\beta \tag{3.8}$$

钻杆的应变可以表示为

$$\begin{aligned} \varepsilon_{11} &= \varepsilon_{22} = 0 \\ \varepsilon_{33} &= w_s = -\bar{x}\alpha_s - \bar{y}\beta_s \\ \varepsilon_{23} &= \frac{1}{2}(-\beta + y_s) \\ \varepsilon_{31} &= \frac{1}{2}(-\alpha + x_s) \end{aligned} \tag{3.9}$$

钻杆的应力可以表示为

$$\begin{aligned} \sigma_{11} &= \sigma_{22} = 0 \\ \sigma_{33} &= E\varepsilon_{33} = -E\bar{x}\alpha_s - E\bar{y}\beta_s \\ \sigma_{23} &= 2G\varepsilon_{23} \\ \sigma_{31} &= 2G\varepsilon_{31} \end{aligned} \tag{3.10}$$

式(3.10)中,E 为杨氏模量;G 为剪切模量;根据 Timoshenko beam 理论,剪切系数 k 作为剪切应力方程的修正系数,其值取决于横截面的几何形状。因此,剪切应力方程可写成下式:

$$\begin{aligned} \sigma_{23} &= 2kG\varepsilon_{23} \\ \sigma_{31} &= 2kG\varepsilon_{31} \end{aligned} \tag{3.11}$$

钻杆的剪切和弯曲变形会产生旋转钻杆系统的潜在势能:

$$\begin{aligned} V &= \frac{1}{2}\int_v \sigma_{ij}\varepsilon_{ij} \\ &= \frac{1}{2}\int_0^l \{EI(\alpha_s^2 + \beta_s^2) + kAG[(x_s - \alpha)^2 + (y_s - \beta)^2]\}\,ds \end{aligned} \tag{3.12}$$

3.3.1.2 深孔加工系统的动能

系统总的动能等于钻杆动能和切削液流体的动能之和。钻杆的动能主要来自钻杆的平移和旋转可以表达为

$$T_s = \frac{1}{2}\int_0^l \left\{ \rho A[\dot{x}^2 + \dot{y}^2 + 2\Omega(x\dot{y} - \dot{x}y) + \Omega^2(x^2 - y^2)] + \rho I[\dot{\alpha}^2 + \dot{\beta}^2 + \Omega^2(\alpha^2 + \beta^2)] \right\} ds \tag{3.13}$$

式中,ρ 为钻杆密度;A 为钻杆横截面积;I 为钻杆截面惯性矩;Ω 为钻杆旋转速度。

切削液的动能来自切削液的旋转、平移、变形运动可用下式表达:

$$T_{\mathrm{f}} = \frac{1}{2}\int_0^l \Big\{ M[U^2 + (\dot{x} + Ux_{\mathrm{s}})^2 + (\dot{y} + Uy_{\mathrm{s}})^2 + 2\Omega x(\dot{y} + Uy_{\mathrm{s}}) - 2\Omega y(\dot{x} + Ux_{\mathrm{s}}) +$$

$$\Omega^2(x^2 + y^2)] + \rho_{\mathrm{f}} I_{\mathrm{f}} [\dot{\alpha}^2 + \dot{\beta}^2 + \Omega^2(\alpha^2 + \beta^2)] \Big\} \, \mathrm{d}s \tag{3.14}$$

式中，M 为切削液流体的质量；ρ_{f} 为切削液的密度；U 为切削液的速度，I_{f} 为切削液的截面惯性矩；A_{f} 为切削液流体的横截面积。

$$T = T_{\mathrm{s}} + T_{\mathrm{f}} \tag{3.15}$$

3.3.1.3 深孔加工系统的所做的功

受到轴向压缩力的深孔钻杆的变形量，主要来自剪切变形和弯曲变形：

$$\delta W_p = \delta \int_0^l p \, (\mathrm{d}s_1 + \mathrm{d}s_2) \tag{3.16}$$

式中，$\mathrm{d}s_1$ 为钻杆长度方向在 $x_1\text{-}x_3$ 平面的变形量；$\mathrm{d}s_2$ 为钻杆长度方向在 $x_2\text{-}x_3$ 平面的变形量。

3.3.2 钻头入钻偏斜对深孔直线度的影响

如图 3.10 所示，当忽略流体力作用且只考虑轴向力 P 和径向力 R 作用时，假设为深孔加工，钻头受到的轴向力为 F_x，径向力为 F_y，钻头入钻时偏离孔径中心位移量为 δ，得到钻头的微分方程为

$$EI \frac{\mathrm{d}^2 y}{\mathrm{d}x^2} = -F_x(y + \delta) + F_y(L - x) \tag{3.17}$$

式中，E 为钻杆的弹性模量；I 为钻杆的截面惯性矩。

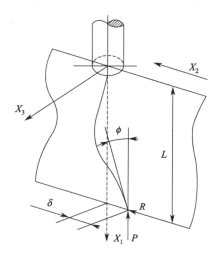

图 3.10 钻头入钻阶段力学模型

代入边界条件 $x = 0$，$y = 0$ 及 $x = L$，$y = -\delta$ 可求得

$$y = \left(\delta - \frac{RL}{F_x}\right)\cos\frac{F_x}{EI}x - \left(\delta - \frac{RL}{F_x}\right)\cos\frac{F_x}{EI}$$

$$L\sin\frac{F_x}{EI}L + \delta + \frac{R}{P}(L - x) \tag{3.18}$$

可以得到加工长度 Z_n 处的直线度误差为

$$\delta_n = \mathrm{e}^{\frac{3Z_n}{2L}} q_0 \tag{3.19}$$

3.3.3 导向套偏斜对深孔直线度的影响

如图 3.11 所示，在任意深度的深孔直线度误差可用以下数学公式表示：

$$e_n = e_{n-1} + i_{n-1} \Delta X \tag{3.20}$$

式中，e_n 为在任意深度 X_n 的偏差量；ΔX 为进给速度；n（$n = X_n / \Delta X$）为钻杆总转数；X_n 为穿透深度；i_{n-1} 为钻杆偏转后倾角。

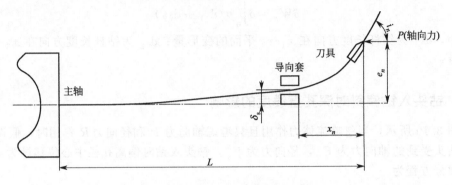

图 3.11 导向套错位

如图 3.12 所示，假设刀具与导向套之间的错位量为 δ_s。当钻头穿过导向套，开始导引钻头，影响深孔直线度方向，此时在深孔加工过程中轴向推力 P 产生的倾斜量 ΔX 符合欧拉理论。

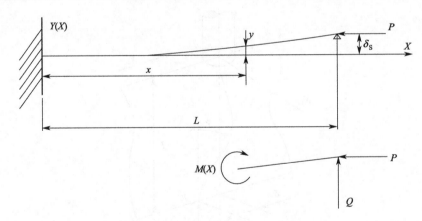

图 3.12 钻杆刀具与导向套的错位

加工中，在点 (x, y)、$M(x, y)$，沿着钻杆有以下公式成立：

$$M(x, y) = P(\delta_B - y) + Q(L - x) \tag{3.21}$$

代入边界条件：

$$y(0) = 0, \quad y'(0) = 0, \quad y(L) = \delta_B \tag{3.22}$$

经过系列运算可得到，在孔深处 X_n 的偏差量 e_n 为

$$e_n = \left[1 + \frac{\lambda(1 - \cos\lambda L)}{\sin\lambda L - L\lambda \cos\lambda L} \Delta X \right]^n \delta_B \tag{3.23}$$

式中，$\lambda=\sqrt{\dfrac{P}{EI}}$，$I=\dfrac{\pi(d_0^4-d_i^4)}{64}$，其中 P 为轴向推力；E 为刀具钻轴的杨氏模量；I 为刀具钻轴区域的二阶矩。

式（3.23）考虑了刀具钻杆受推力和弯曲作用力的影响，也考虑了其他参数，如钻杆直径、钻杆的弹性模量等，所以可以较好地描述深孔加工中由刀具导向杆错位量造成的深孔直线度。

3.3.4 中部支撑偏差对深孔直线度的影响

如图 3.13 所示是钻杆中部支撑偏差的错位变形图，假设中部支撑的偏差为 δ_B。

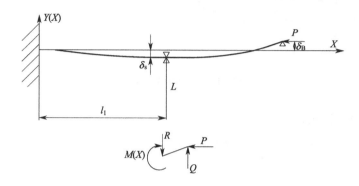

图 3.13 钻杆中部支撑偏差的错位弯矩图

在区间 $0\leqslant x\leqslant \lambda_1$ 和 $\lambda_1\leqslant x\leqslant L$：

$$M_1(x)=P(\delta_B-y)+Q(L-x)-R(l_1-x),0\leqslant x\leqslant l_1 \tag{3.24}$$

$$M_2(x)=P(\delta_B-y)+Q(L-x),l_1\leqslant x\leqslant L \tag{3.25}$$

因此，钻杆挠度的微分方程式为

$$EI\frac{\mathrm{d}^2 y_1}{\mathrm{d}x^2}=P(\delta_B-y)+Q(L-x)-R(l_1-x),0\leqslant x\leqslant l_1 \tag{3.26}$$

$$EI\frac{\mathrm{d}^2 y_2}{\mathrm{d}x^2}=P(\delta_B-y)+Q(L-x),l_1\leqslant x\leqslant L \tag{3.27}$$

边界条件为

$$y_1(0)=0,y_1(l_1)=y_2(l_2)=-\delta_s,y_2(L)=\delta_B$$
$$y_1'(0)=0,y_1'(l_1)=y_2'(l_1) \tag{3.28}$$

经过系列运算可得到，进给速度 ΔX 后的刀头偏差为

$$e_1=y_2(L)\Delta X+e_0 \tag{3.29}$$

这样，在沿轴向深度 X_n 的刀头偏差 e_n 可以用迭代的方法得到。

3.4 切削液流体对深孔直线度的影响

当钻杆进入切削液的作用区，切削力产生的转矩与钻杆的扭矩相平衡，对深孔直线度的

影响较小。但是，切削液流体力是非线性变化的，因此假设钻杆只受切削液流体力的作用，只考虑切削液流体力对深孔直线度产生的影响，此时将钻杆简化为一端固定一端移动同时作用有均布载荷 F 的简支梁模型，如图 3.14 所示。

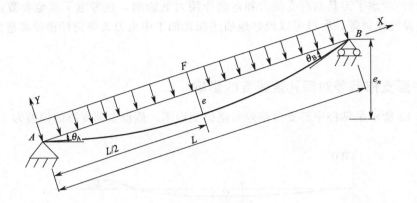

图 3.14　钻杆的弯曲变形

钻杆的挠曲线方程式为

$$EIy=\frac{Fl}{12}x^3-\frac{F}{24}x^4+Cx+D \tag{3.30}$$

边界条件 $y(0)=0$，$y'\left(\frac{L}{2}\right)=0$ 得

$$C=-\frac{ql^3}{24}D=0 \tag{3.31}$$

端截面转角为

$$-\theta_A=\theta_B=\frac{Fl^3}{24EI} \tag{3.32}$$

$$i_n=\theta_B-\theta_A=\frac{Fl^3}{12EI} \tag{3.33}$$

$$l=n\Delta x \tag{3.34}$$

式(3.34) 代入式(3.33) 得钻杆的倾角方程为

$$i_n=\frac{F\Delta x^3}{12EI}n^3 \tag{3.35}$$

在任意深度的直线度误差可用以下数学公式表示：

$$e_n=e_{n-1}+i_{n-1}\Delta X \tag{3.36}$$

钻杆初始偏差为

$$e_0=0 \tag{3.37}$$

在孔深 X_n 处的偏差量为

$$e_n=\sum_{i=0}^{n-1}i_j\Delta x+e_0 \tag{3.38}$$

式(3.35)、式(3.37) 代入式(3.38) 得

$$e_n=\frac{F\Delta x^3}{48EI}n^2(1+n)^2 \qquad \left(0\leqslant n\leqslant\frac{l}{\Delta x}\right) \tag{3.39}$$

式中，E 为钻杆的弹性模量；I 为钻杆的转动惯量矩；F 为均布载荷；l 为切削液作用区钻杆长度；e_n 为在任意深度 X_n 的偏差量；ΔX 为进给速度；$n(X_n/\Delta X)$ 为钻杆总转数；X_n 为钻削深度；i_n 为钻杆偏转后倾角。

取钻杆中心截面，建立如图 3.15 所示钻杆挤压油膜工作原理。在实际加工过程中，钻杆在切削液流体中的长度不可能无限长，只有在钻杆刚刚进入深孔的瞬时，钻杆在切削液流体中为无限短，此后大部分时间在切削液流体中钻杆的长度为有限长钻杆，故运用有限长钻杆理论，设有限长钻杆受力平衡时，钻杆中心位置为 $O_1(e,\varphi)$，钻杆所受的切削液流体力可分解为径向分力 F_e 和轴向分力 F_ϕ，取 θ 角为周向坐标，可以得到

$$\frac{\partial}{\partial\varphi}\left(h^3\frac{\partial p}{\partial\varphi}\right)+4\left(\frac{R}{l}\right)^2\frac{\partial}{\partial z}\left(h^3\frac{\partial p}{\partial z}\right)=-3\varepsilon\sin\varphi\left(1-2\frac{\mathrm{d}\phi}{\mathrm{d}t}\right)+6\frac{\mathrm{d}\varepsilon}{\mathrm{d}t}\cos\varphi \tag{3.40}$$

式中，R 为钻杆半径；ω 为钻杆旋转角速度，$\omega=\mathrm{d}\varphi/\mathrm{d}t$；$\varphi$ 为钻杆旋转角度；ϕ 为钻杆涡动角；z 为轴向位移；p 为切削液流体的压力分布；μ 为切削液的动力黏度；h 为切削液流体油膜厚度，$h=c(1+\varepsilon\cos\varphi)$；$c$ 为钻杆外径与工件孔径间隙平均值，即工件孔半径与钻杆半径之差；ε 为钻杆运动偏心率；$\varepsilon=e/c$，e 为钻杆偏心距，$e=OO_1$。

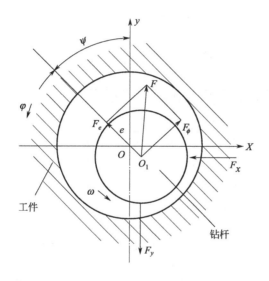

图 3.15 钻杆挤压油膜工作原理

积分得切削液压力分布：

$$p=\frac{u}{R}\left(z^2-\frac{l^2}{4}\right)\left(f_0\omega+f_1\frac{\mathrm{d}\phi}{\mathrm{d}t}+f_2\frac{\mathrm{d}\varepsilon}{\mathrm{d}t}\right)+p_{\mathrm{in}} \tag{3.41}$$

其中：

$$f_0=\frac{3\varepsilon c\sin\varphi}{h}+\frac{2\varepsilon cr_0\sin\varphi}{h^2}-\frac{6\varepsilon cr_0^2\sin\varphi}{h^3}$$

$$f_1=\frac{12\varepsilon cr_0^2\sin\varphi}{h^3}-\frac{\varepsilon c\sin\varphi}{h}-\frac{2\varepsilon^2 c^2\cos\varphi\sin\varphi}{h^2}+\frac{6\varepsilon^2 r_0\cos\varphi\sin\varphi}{h}$$

$$f_2=\frac{12\varepsilon cr_0^2\cos\varphi}{h^3}-\frac{c^2\cos\varphi}{h}+\frac{2\varepsilon c^2\sin^2\varphi}{h^2}-\frac{6\varepsilon c^2 r_0\sin^2\varphi}{h^3}$$

得钻杆所承受流体作用力为

$$\begin{cases} F_x = \dfrac{ul^3}{2r_0^2}\left(\lambda_1\omega + \lambda_2\dfrac{\partial\phi}{\partial t} + \lambda_3\dfrac{\partial\varepsilon}{\partial t}\right) + 2lp_{in}r_0\cos\varphi \\[3mm] F_y = \dfrac{ul^3}{2r_0^2}\left(\lambda_4\omega + \lambda_5\dfrac{\partial\phi}{\partial t} + \lambda_6\dfrac{\partial\varepsilon}{\partial t}\right) + 2lp_{in}r_0\sin\varphi \end{cases} \tag{3.42}$$

$$F = \sqrt{F_x^2 + F_y^2}/l \tag{3.43}$$

式(3.35)、式(3.42)、式(3.43)代入式(3.39)得

$$e_n = \frac{\Delta x^2 n(n+1)^2}{48EI}$$

$$\sqrt{\left[\frac{un^3\Delta x^3}{2r_0^2}\left(\lambda_1\omega + \lambda_2\frac{\partial\phi}{\partial t} + \lambda_3\frac{\partial\varepsilon}{\partial t}\right) + 2n\Delta x p_{in}r_0\cos\varphi\right]^2 + \left[\frac{un^3\Delta x^3}{2r_0^2}\left(\lambda_4\omega + \lambda_5\frac{\partial\phi}{\partial t} + \lambda_6\frac{\partial\varepsilon}{\partial t}\right) + 2n\Delta x p_{in}r_0\sin\varphi\right]^2}$$
$$\tag{3.44}$$

$$\lambda_1 = \frac{2r_0}{3c(1-\varepsilon^2)} - \frac{2\varepsilon^2 r_0^2}{c^2(1-\varepsilon^2)^2} + \frac{2r_0 - 3c}{6c\varepsilon}\ln\frac{1-\varepsilon}{1+\varepsilon} - 1$$

$$\lambda_2 = \frac{2r_0 - 4r_0\varepsilon^2}{c(1-\varepsilon^2)} + \frac{4\varepsilon^2 r_0^2}{c^2(1-\varepsilon^2)^2} + \frac{2}{3(1-\varepsilon^2)} + \frac{6r_0 + 5c}{6c\varepsilon}\ln\frac{1-\varepsilon}{1+\varepsilon} + 1$$

$$\lambda_3 = \frac{r_0^2 + 2r_0^2\varepsilon^2}{c^2(1-\varepsilon^2)^{5/2}} + \frac{2r_0 - 3r_0\varepsilon^2}{2c\varepsilon^2(1-\varepsilon^2)^{3/2}} - \frac{5c + 6r_0}{6c\varepsilon^2} + \frac{5 - 2\varepsilon^2}{6\varepsilon^2(1-\varepsilon^2)^{1/2}}$$

$$\lambda_4 = \pi\left[\frac{\varepsilon r_0^2}{2c^2(1-\varepsilon^2)^{3/2}} - \frac{r_0}{3c\varepsilon(1-\varepsilon^2)^{1/2}} + \frac{(1-\varepsilon^2)^{1/2}}{2\varepsilon} + \frac{2r_0 - 3c}{6c\varepsilon}\right]$$

$$\lambda_5 = \pi\left[-\frac{\varepsilon r_0^2}{c^2(1-\varepsilon^2)^{3/2}} - \frac{r_0(2+3\varepsilon^2)}{2c\varepsilon(1-\varepsilon^2)^{3/2}} + \frac{3\varepsilon}{6(1-\varepsilon^2)^{1/2}} - \frac{5}{6\varepsilon(1-\varepsilon^2)^{1/2}} + \frac{6r_0 + 5c}{6c\varepsilon}\right]$$

$$\lambda_6 = \frac{4r_0^2\varepsilon}{c^2(1-\varepsilon^2)^2} + \frac{2r_0}{c\varepsilon(1-\varepsilon^2)} + \frac{6r_0 + 5c}{6c\varepsilon^2}\ln\frac{1-\varepsilon}{1+\varepsilon} + \frac{5}{3\varepsilon}$$

$\lambda_1\omega$、$\lambda_4\omega$ 表示切削液流体的惯性项，是时刻变化的，产生转动效应；$\lambda_2\partial\phi/\partial t$、$\lambda_5\partial\phi/\partial t$ 表示切削液流体的涡动项，随着切削液的压力梯度而变化，产生涡动效应；$\lambda_3\partial\varepsilon/\partial t$、$\lambda_6\partial\varepsilon/\partial t$ 表示切削液流体的挤压项，随着切削液的体积变化而变化，使钻杆产生变形。式(3.44)充分体现了在深孔加工过程中切削液入口压力、钻杆结构参数、钻杆进给速度、钻杆回转力矩产生的转动效应、涡动回转效应和径向回弹效应产生的叠加效应对深孔直线度的影响。

深孔加工过程中切削液的黏度及入口压力和钻杆的结构参数、偏心率、进给量、旋转、涡动、挤压等均对深孔直线度产生较大影响，钻杆的结构参数如钻杆长径比、钻杆弹性模量、钻杆偏心率等也会对深孔直线度偏斜有一定影响。切削液流体力对深孔直线度的影响，取决于钻杆的结构参数及钻杆运动状态，钻杆的运动状态与切削液流体压力等存在密切关系。当钻杆旋转时，切削液流体形成收敛油楔和发散油楔两个油楔，在收敛油楔里随着钻杆转速的增加切削液流体产生的惯性承载力将随之增加。但是，由于切削液流体力的方向与外载荷的方向不在一条直线上，导致切削液流体力的弹性挤压效应 $d\varepsilon/dt$ 和涡动效应 $d\phi/dt$ 的产生，钻杆的涡动、挤压效应将导致钻杆的失稳及不规则振动。

第4章

BTA 钻杆系统的运动特性及 与深孔直线度的关系

深孔加工过程中切削液的运动表现为周期性的脉动，其运动特点带有明显的动压特性，切削液流体力对深孔钻杆运动、深孔直线度、排屑速度等有显著影响；研究钻杆切削液流体就是要考虑流体入口压力的大小、分布情况及相关影响因素。有限长钻杆切削液流体力的分布通常受钻杆的结构参数、切削液的黏度、偏心率、转动效应、涡动效应和挤压效应等因素的影响。钻杆的承载能力反映钻杆的稳定性，同样受到钻杆结构参数的影响。钻杆在纯旋转状态下，钻杆几何中心轨迹的变化对深孔直线度有显著影响；钻杆发生偏心涡动时，切削液流体力的分布特点及当偏心钻杆涡动半径过大时出现的与孔壁碰撞的现象同样引人关注；钻杆的挤压效应是由旋转产生的流体压力与涡动产生的流体压力的叠加效应，如何避免挤压效应带来的钻杆周期性振动等问题一直是深孔加工技术所面临的难题。

4.1 深孔加工旋转钻杆的运动特点

如图 4.1 所示，为一个受外力 W 作用下以速度 U 高速旋转的深孔钻杆。在给定条件下，钻杆将在某一偏心距 e 的位置上旋转，在中心线 OO' 以下区域形成收敛空间，而在 OO' 以上形成发散空间；从 A 点到 D 点，切削液被旋转钻杆搅动，形成一个逐渐收缩的空间，在切削液流体中造成了高压力，同时从 D 点到 G 点，切削液流体力较低。深孔钻杆以偏心距 e 高速旋转，造成切削液压力分布不同，最终产生了大小与外力 W 相等而方向与之相反的合力。在这个过程中，切削液不停地流出，同时在 B 点新的切削液不断得到补充。

在旋转钻杆作用下的切削液流体的运动有以下特点：

① 切削液与旋转钻杆之间的热交换是时刻进行着的，在深孔加工中产生的能量不能全部转化为热量而被切削液带走，很大一部分能量是靠着传导和辐射经过支撑架等散出的。由于切削液流体的动压作用和热交换这两个问题相互有关，因此处理深孔加工中热交换的问题是十分复杂的耦合问题。

② 切削液流体的黏度并不是不变的，任何流体的黏度都随着温度和压力而变化的。在中低温度的条件下，黏度随着温度的变化是十分显著的；而只有在高压情况下，黏度才会随压力

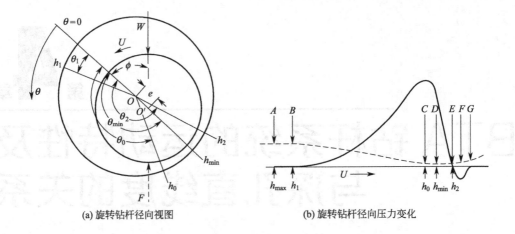

(a) 旋转钻杆径向视图　　　　　　　　　(b) 旋转钻杆径向压力变化

图 4.1 钻杆运动状态图

发生显著的变化。在深孔加工热交换没有完全确定的条件下，只能粗略估算切削液的黏度。

③ 旋转钻杆在切削过程中会产生应力形变。由于切削力、切削液流体力的双重作用使得钻杆表面产生弹塑性变形，这样的话就会产生异常的油膜形状，并使钻杆性能发生变化。

④ 在深孔加工过程中，高速旋转钻杆会存在不平衡扰动，因此钻杆中心不是固定在一点而是沿着某个轨迹移动；在线速度高，间隙大和黏度低的情况下，切削液会发生紊流，使切削液流量下降，旋转钻杆运动中心轨迹发生改变。

⑤ 边界条件的设定是旋转钻杆切削液流体力求解的关键步骤。如图 4.1(b) 所示，深孔钻杆在高速旋转过程中，若 $\theta_1 > 0$，则切削液压力分布起始于切削液进入的那一点；若 $\theta_1 < 0, \theta \in [-\pi, \pi]$ 则起始于 $\theta = 0$ 那一点。在全周钻杆中，压力分布图的终点位于超过最小切削液膜厚度 h_{min} 的 θ_2 处，在该处压力降到一个略低于切削液流体入口压力的值，接着再升高到边界压力。在部分旋转钻杆中，压力曲线末端位于 E 点之前；压力曲线末端的下降区域 EG，不能简单地增加 B 点的切削液入口压力来消除。

⑥ 在深孔加工过程中，旋转钻杆扰动切削液会形成条状流动，在全周深孔钻杆中，圆周方向的切削液流体力由剪切流体力及压力流体力组成，切削液膜的形状很少是完整的；由于不利的压力梯度，在 B 点和 C 点之间得到流动将由剪切流动减去压力流动组成；在 C 点，$dp/d\theta = 0$，只发生剪切流动；从 C 点到 E 点，流动由压力流动加上剪切流动组成；经过最小油膜厚度 h_{min} 后，间隙空间开始增大；由于 D 点压力分量引起的流动效应有助于切削液流体充满增大的间隙空间，直到在 F 点流动等于剪切流动为止。从 F 点开始，间隙继续增大，此时没有足够的切削液来填充增大的空间间隙，切削液会因体积的膨胀而破裂成为一条一条的小膜。

4.2 旋转钻杆的动力方程

可用微分方程描述转子系统的运动：

$$M\ddot{z} + C\dot{z} + Kz = F \tag{4.1}$$

式中，K、C、M 为系统的刚度矩阵、阻尼矩阵和质量矩阵；z 为系统广义坐标矢量；F 为作用在系统上的广义外力。

而旋转钻杆系统又可以写成如下形式：

$$Mz + (C+G)\dot{z} + (K+S)z = F \qquad (4.2)$$

式中，C 为非对称阻尼矩阵；G 为反对称陀螺矩阵；K 为对称部分的刚度矩阵；S 为不对称部分的刚度矩阵。

油膜刚度和油膜阻尼分别为单位位移所引起的油膜弹性恢复力和单位速度所引起的油膜阻力；在钻杆结构、参数及加工状况确定的条件下，可通过求解雷诺方程，确定系统平衡位置时的油膜压力场，最终得到深孔钻杆所受到的切削液流体力。方程式（4.2）可以通过 Lund 提出的 8 个油膜刚度和阻尼系数的油膜力线性化力学模型来求解，挤压油膜具有高度的非线性，对其进行线性化是通过在某一平衡位置附近的小扰动得到的，即将非线性切削液流体力在某一稳态解处展开为 Taylor 级数，并略去高级小量；而线性化切削液流体力的系数就是油膜动力特性系数。

对流体力 F，进行复变代换可得

$$F = F_x + iF_y = -(F_r + iF_t)e^{i\psi} \qquad (4.3)$$

$z = x + iy = ee^{i\psi}$，将 F 在某一稳态解 z_0 附近展开为 Taylor 级数并略去高阶无穷小量则有

$$F = F_0 + \left(\frac{\partial F}{\partial z}\right)_0 z_1 + \left(\frac{\partial F}{\partial z}\right)_0 \widetilde{z}_1 + \left(\frac{\partial F}{\partial z}\right)_0 \dot{z}_1 + \left(\frac{\partial F}{\partial \widetilde{z}}\right)_0 \widetilde{z}_1 \qquad (4.4)$$

式中，$z_1 = z - z_0$，$\widetilde{z}$ 表示 z_1 的共轭。稳态解的形式直接决定了切削液流体力的线性系数的复杂程度。到目前为止，对于切削液流体力的线性化都是关于稳态圆响应的，因为这时有 $z_0 = e_0 e^{i\psi_0}$，e_0 是常数，$\psi_0 = \omega t$，ω 为转子转速。

这种情况下，代入边界条件，可得切削液流体力为

$$\begin{cases} F_r = \dfrac{\mu RL^3}{c^2}(\varepsilon\dot{\psi}I_1 + \dot{\varepsilon}I_2) \\[3mm] F_t = \dfrac{\mu RL^3}{c^2}(\varepsilon\dot{\psi}I_3 + \dot{\varepsilon}I_1) \end{cases} \qquad (4.5)$$

式中，$I_1 = \dfrac{2\varepsilon}{(1-\varepsilon^2)^2}$；$I_2 = \dfrac{\pi}{2} \times \dfrac{(1+2\varepsilon^2)}{(1-\varepsilon^2)^{5/2}}$；$I_3 = \dfrac{\pi}{2}\dfrac{1}{(1-\varepsilon^2)^{3/2}}$。

因为 $z = ee^{i\psi}$，$\widetilde{z} = ee^{-i\psi}$，$\varepsilon = e/c$，因而有

$$\varepsilon = \frac{|z|}{c} = \frac{(z\widetilde{z})^{1/2}}{c}, e^{i\psi} = \frac{z}{|z|}, \dot{\varepsilon} = \mathrm{Re}\left(\frac{\widetilde{z}\dot{z}}{c|z|}\right), \varepsilon\dot{\psi} = \mathrm{Im}\left(\frac{\widetilde{z}\dot{z}}{c|z|}\right) \qquad (4.6)$$

式中，$|\cdot|$、$\mathrm{Re}(\cdot)$、$\mathrm{Im}(\cdot)$ 分别表示复变函数的模、实部和虚部。这时有

$$F = F_x + iF_y = -(F_r + iF_t)e^{i\psi} = \frac{uRL^3}{c^3}\left\{\frac{2i\widetilde{z}z^{3/2}}{\widetilde{z}^{1/2}(1-z\widetilde{z})^2} + \frac{\pi}{4(1-z\widetilde{z})^{5/2}}\left[(2+z\widetilde{z})i + 3z^2\widetilde{z}\right]\right\} \qquad (4.7)$$

将上式展开为 Taylor 级数，代入稳态圆响应 $z_0 = \dfrac{\varepsilon_0 e^{i\psi_0}}{c}$，$\psi_0 = \omega t$，得

$$F = -\frac{uRL^3}{c^3}\left|\left[f_0 + A_1 z_1 + (B_1 + iC_1)e^{2i\psi_0}\widetilde{z}_1\right]\omega - A_2 z_1 + (B_2 + iC_2)e^{2i\psi_0}\widetilde{z}_1\right| \qquad (4.8)$$

式中，$z_1 = z - z_0$，$f_0 = (K_0 + iC_0)\varepsilon_0 e^{i\psi_0}$，$A_1$、$B_1$、$C_1$、$A_2$、$B_2$、$C_2$ 为相应系数。

上式是流体力的复变量表达式。可以看出，一般情况下，线性化切削液流体力系数是时间的周期函数，周期为 $T = \dfrac{\pi}{\omega}$。将 $z_1 = x_1 + iy_1$ 代入上式，并分开实、虚部可得线性化切削液流体力在 x、y 方向的表达式，这时切削液流体力系数仍为时间的周期函数。

4.3　旋转钻杆的运动分析

如图 4.2 所示为深孔加工旋转钻杆工作时的状态，绝对坐标系 xyz 的原点为 O 是旋转钻杆最初的几何中心，它是固定的，不随钻杆的运动发生变化；相对坐标系 $x_1y_1z_1$ 的原点为 O_1，是固结在运动着的钻杆几何中心上。

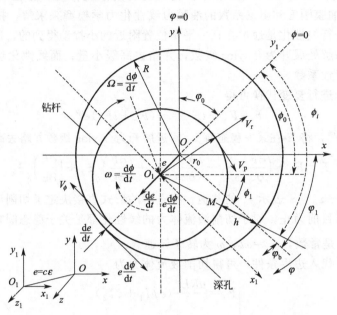

图 4.2　钻杆运动及受力示意图

图 4.2 中各参数含义如下。

偏心距 e：绝对坐标原点 O 与钻杆几何中心 O_1 的动态距离。

钻杆与孔壁间隙 c：深孔半径 R 与钻杆半径 r_0 之差即 $c = R - r_0$，传统流体动力润滑理论所讲的半径间隙。

偏心率 ε：偏心距 e 与钻杆与孔壁间隙 c 的比值，$\varepsilon = e/c$。

间隙比 λ：钻杆的相对半径间隙 c 与钻杆半径 r_0 的比值，$\lambda = c/r_0$。

偏位角 ϕ_0：重力垂线与绝对坐标系原点与钻杆几何中心的连线之间的夹角。

φ：钻杆旋转角度；ϕ：钻杆涡动角度；ω：钻杆旋转角速度，$\omega = \mathrm{d}\varphi/\mathrm{d}t$；$\varphi_i = \varphi - \phi$：钻杆自转与涡动差角；$\Omega$：钻杆涡动角速度，$\Omega = \mathrm{d}\phi/\mathrm{d}t$；$\mathrm{d}\varepsilon/\mathrm{d}t$：钻杆挤压速度。

如图 4.2 钻杆运动及受力示意图，在 ΔOAO_1 中存在：

$$R^2 = e^2 + (r_0 + h)^2 - 2e(r_0 + h)\cos\varphi_i \tag{4.9}$$

式中，$\varphi_i = \varphi - \phi$；$\varphi = \omega t$，$\phi = \Omega_i t$，$\Omega_i = \mathrm{d}\phi/\mathrm{d}t$

整理得

$$h = \sqrt{R^2 - e^2\sin^2\varphi_i} - r_0 + e\cos\varphi_i \tag{4.10}$$

钻杆中心 $r = 0$ 和深孔内表面 $r = r_0$ 点切削液流体的速度分别为

$$\begin{bmatrix} V_{xo_1} \\ V_{yo_1} \end{bmatrix} = \begin{bmatrix} \sin\phi & \cos\phi \\ \cos\phi & -\sin\phi \end{bmatrix} \begin{bmatrix} \mathrm{d}e/\mathrm{d}t \\ e\,\mathrm{d}\phi/\mathrm{d}t \end{bmatrix} \tag{4.11}$$

$$\begin{bmatrix} V_\varphi \\ V_r \end{bmatrix} = e \begin{bmatrix} \dfrac{r_0}{e} + \cos\varphi_i & -\cos\phi_i & \sin\phi_i \\ -\sin\phi_i & \sin\phi_i & \cos\phi_i \end{bmatrix} \begin{bmatrix} \omega \\ \Omega_i \\ \mathrm{d}\varepsilon/\mathrm{d}t \end{bmatrix} \tag{4.12}$$

计算得，油膜厚度的表达式为

$$h = c - e\sin(\varphi_x - \varphi_0) \tag{4.13}$$

式中，φ_x 为起始角为 x 轴时，钻杆旋转的角度。

4.4 有限长钻杆的切削液流体力分析

4.4.1 Reynolds 方程假设

为便于分析计算，本文对于普遍形式的 Reynolds 方程做了如下假设：

① 旋转钻杆运动副表面的曲率半径比油膜厚度大得多，即对长径比很大的深孔钻杆，不计流体膜的曲率，并用平移速度来代替转动速度。

② 在沿切削液流体膜厚度的方向上，不计流体压力的变化，因此 $\partial p/\partial h = 0$。

③ 假定切削液流动是层流运动，切削液流体中到处都没有漩涡和紊流。

④ 相较于切削液的黏性力，其体积力可忽略不计；也就是说，切削液流体不受附加力场的影响。

⑤ 切削液在钻杆的表面上没有滑动。

⑥ 切削液各处温度相同，黏度为定值，切削液密度各处相同。

⑦ 切削液运动时惯性力与黏性力相比可忽略不计。这些惯性力包括使流体加速的力、作用于弯曲膜上的离心力和流体自身的重力。$\partial u/\partial y$ 和 $\partial w/\partial y$ 这两个速度梯度可看做剪切，其他所有梯度则是加速度项，因此在 $\partial u/\partial y$ 和 $\partial w/\partial y$ 以外的各项的任何导数都是高阶微量，可以忽略。

将 Reynolds 方程假设条件代入 N-S 方程式得

$$\begin{cases} \dfrac{1}{u}\dfrac{\partial p}{\partial x} = \dfrac{\partial^2 V_x}{\partial y^2} \\ \dfrac{1}{u}\dfrac{\partial p}{\partial z} = \dfrac{\partial^2 V_z}{\partial y^2} \end{cases} \tag{4.14}$$

流体连续性方程式为

$$\nabla \cdot (\rho v) = 0 \tag{4.15}$$

式中，v 为切削液油膜运动的速度矢量；∇ 为切削液油膜运动速度矢量的散度算子。

根据钻杆的实际工作情况，将上式代入边界条件：$r = r_0$ 处，$V_\varphi = V_{\varphi_0}$，$V_z = 0$ 及 $r = r_0 + h$ 处，$V_\varphi = 0$，$V_z = 0$，可求出速度分布函数，再将速度分布函数代入连续性方程，整理得 Reynolds 方程式：

$$\frac{\partial}{\partial x}\left(\frac{\rho h^3}{u}\frac{\partial p}{\partial x}\right) + \frac{\partial}{\partial z}\left(\frac{\rho h^3}{u}\frac{\partial p}{\partial z}\right) = 6\frac{\partial(\rho V_x h)}{\partial x} + 6\frac{\partial(\rho V_z h)}{\partial z} + 12\frac{\mathrm{d}(\rho h)}{\mathrm{d}t} \tag{4.16}$$

式中，x、y、z 为静止坐标系的坐标；V_x、$V_r = \mathrm{d}h/\mathrm{d}t$、$V_z$ 分别为钻杆与孔表面 x、y、z 方向的相对速度；h 为润滑油膜厚度；p 为润滑油膜压力；ρ 为流体密度；u 为流体动力黏度；t 为时间。

式(4.16)为切削液的 Reynolds 方程式。式(4.16)左边两项分别代表 x 方向和 z 方向的压力流，为压力梯度的二阶偏导数，它们是相互独立的变量，从不同的角度反映了切削液动态油膜的力学特性，是切削液产生各种动力学特性的根源，式(4.16)右边三项体现钻杆运动与油膜运动之间的相互作用关系，并且每一项都有助于在旋转钻杆与深孔内壁间流体形成动压力。式(4.16)左边第一项使钻杆运动产生切向的压力梯度，第二项使钻杆运动产生轴向的压力梯度，并且每一项都是压力梯度的二阶偏导数。式(4.16)右端第一项是为表面切向速度的剪切流项，也称为楔形效应项，它是钻杆自身旋转与深孔内表面之间形成油楔作用的结果，式(4.16)右端第一项可展开为 $6V_x \dfrac{\partial h}{\partial x}$ 和 $6h \dfrac{\partial V_x}{\partial x}$ 前、后两半部分。前半部分 $6V_x \dfrac{\partial h}{\partial x}$ 表示钻杆以速度 V_x 在由 $h(x,y,z,t)$ 给出的楔形流体膜上转动所起的作用；后半部分 $6h \dfrac{\partial V_x}{\partial x}$ 是钻杆的扭转效应，是指切向速度沿深孔内表面的变化，如钻杆扭振、变形情况。式(4.16)右边第二项是因钻杆表面弯曲倾斜所引起的表面轴向油楔的变化情况，$6 \dfrac{\partial(\rho V_z h)}{\partial z}$ 是指轴向油楔空间体积的改变，对切削液流体产生正的压力，与第一项前后两部分作用效应的和相同，但是作用的大小和方向不同。最后一项为表面法向速度的挤压效应项，表示钻杆中心相对于深孔内表面的挤压效应，dh/dt 是指钻杆表面的径向速度，反映钻杆与深孔内表面间切削液流体的挤压作用。

对于不可压缩流体，经计算可得钻杆在平衡位置时所承受的流体力为

$$F_e = -\frac{\mu l^3}{2r_0}\omega\left[\frac{2r_0}{3c(1-\varepsilon^2)} - \frac{6\varepsilon^2 r_0^2}{c^2(1-\varepsilon^2)^2} + \frac{2r_0-3c}{6e}\ln\frac{c-e}{c+e} - 1\right]$$

$$F_t = \frac{\mu l^3}{2r_0}\omega\pi\left[\frac{\varepsilon r_0^2}{2c^2(1-\varepsilon^2)^{3/2}} - \frac{r_0}{3c\varepsilon(1-\varepsilon^2)^{1/2}} + \frac{(1-\varepsilon^2)^{1/2}}{2\varepsilon} + \frac{2r_0-3c}{6c\varepsilon}\right] + 2r_0 l p_{in} \quad (4.17)$$

式中，p_{in} 为钻杆入口压力。

4.4.2 钻杆 π 角切削液流体力方程

在深孔加工过程中，深孔钻杆与孔壁间的切削液流体是处于高速旋转、狭小的间隙中：静态时，切削液具有固定的间隙厚度，且切削液流体在边界处呈月牙状；动态时，切削液流体边缘在水平方向与动载荷同步振动，不是简单的层流流动。

由式(3.44)得到切削液流体力对深孔直线度的影响方程式：

$$e_n = \frac{\Delta x^2 n(n+1)^2}{48EI}$$

$$\sqrt{\left[\frac{un^3\Delta x^3}{2r_0^2}\left(\lambda_1\omega + \lambda_2\frac{\partial\phi}{\partial t} + \lambda_3\frac{\partial\varepsilon}{\partial t}\right) + 2n\Delta x p_{in}r_0\cos\phi\right]^2 + \left[\frac{un^3\Delta x^3}{2r_0^2}\left(\lambda_4\omega + \lambda_5\frac{\partial\phi}{\partial t} + \lambda_6\frac{\partial\varepsilon}{\partial t}\right) + 2n\Delta x p_{in}r_0\sin\phi\right]^2}$$

$$(4.18)$$

$$\lambda_1 = \frac{2r_0}{3c(1-\varepsilon^2)} - \frac{2\varepsilon^2 r_0^2}{c^2(1-\varepsilon^2)^2} + \frac{2r_0-3c}{6c\varepsilon}\ln\frac{1-\varepsilon}{1+\varepsilon} - 1$$

$$\lambda_2 = \frac{2r_0-4r_0\varepsilon^2}{c(1-\varepsilon^2)} + \frac{4\varepsilon^2 r_0^2}{c^2(1-\varepsilon^2)^2} + \frac{2}{3(1-\varepsilon^2)} + \frac{6r_0+5c}{6c\varepsilon}\ln\frac{1-\varepsilon}{1+\varepsilon} + 1$$

$$\lambda_3 = \frac{r_0^2+2r_0^2\varepsilon^2}{c^2(1-\varepsilon^2)^{5/2}} + \frac{2r_0-3r_0\varepsilon^2}{2c\varepsilon^2(1-\varepsilon^2)^{3/2}} - \frac{5c+6r_0}{6c\varepsilon^2} + \frac{5-2\varepsilon^2}{6\varepsilon^2(1-\varepsilon^2)^{1/2}}$$

$$\lambda_4 = \pi \left[\frac{\varepsilon r_0^2}{2c^2(1-\varepsilon^2)^{3/2}} - \frac{r_0}{3c\varepsilon(1-\varepsilon^2)^{1/2}} + \frac{(1-\varepsilon^2)^{1/2}}{2\varepsilon} + \frac{2r_0-3c}{6c\varepsilon} \right]$$

$$\lambda_5 = \pi \left[-\frac{\varepsilon r_0^2}{c^2(1-\varepsilon^2)^{3/2}} - \frac{r_0(2+3\varepsilon^2)}{2c\varepsilon(1-\varepsilon^2)^{3/2}} + \frac{3\varepsilon}{6(1-\varepsilon^2)^{1/2}} - \frac{5}{6\varepsilon(1-\varepsilon^2)^{1/2}} + \frac{6r_0+5c}{6c\varepsilon} \right]$$

$$\lambda_6 = \frac{4r_0^2\varepsilon}{c^2(1-\varepsilon^2)^2} + \frac{2r_0}{c\varepsilon(1-\varepsilon^2)} + \frac{6r_0+5c}{6c\varepsilon^2}\ln\frac{1-\varepsilon}{1+\varepsilon} + \frac{5}{3\varepsilon}$$

4.5　切削液流体旋转特性与深孔直线度的关系

深孔加工切削液流体力的纯旋转特性如图4.3所示，切削液流体的压力分布呈抛物线形状，流体力随钻杆自旋转速的增加而增大，自旋转速的增加不会改变切削液流体的分布形状。高速自旋时钻杆切削液流体压力梯度变化比低速时切削液流体压力梯度变化更大。

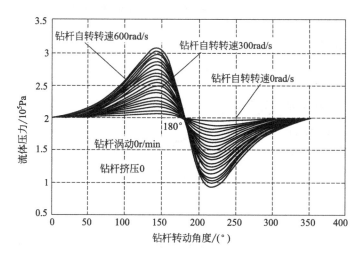

图4.3　钻杆在纯旋转状态下流体压力分布

如图4.4为钻杆中心轨迹随钻杆转速的变化规律。钻杆几何参数，如长径比、钻杆孔壁间隙等影响油膜压力的大小，进而影响偏心率的大小；不同的偏心率，临界涡动比不同，所以钻杆中心轨迹不同；钻杆中心运动的轨迹为椭圆，随着钻杆转速的增加，钻杆中心椭圆形轨迹不断变大；随着钻杆转速的增加，钻杆涡动半径增加，涡动中心也随着转速增加而趋于钻杆中心，符合基本规律；转速较低时钻杆中心轨迹为椭圆。当转速到达某一数值时，钻杆涡动半径极大，钻杆中心运动变得复杂。

利用有限元软件模拟钻杆在旋转时的切削液流体的分布情况。材料为45钢，密度为$\rho = 7.87 \times 10^3$ kg/m³，半径为$R = 30$mm，长度为$l = 1000$mm，钻杆孔壁间隙为$c = 0.5$mm，切削液动力黏度为$\mu = 0.048$Pa/s，切削液密度为$\rho = 0.89 \times 10^3$ kg/m³。

图4.5和图4.6为钻杆自转同时绕几何中心旋转，分别在0s时和0.1s时钻杆轴向切削液流动速度的变化情况。钻杆刚开始运转时，切削液流体流线呈平直状分布；随着时间增加流线分布逐渐扭曲，最终呈绕深孔中心旋转状态分布。

图4.7～图4.11为钻杆自转同时绕几何中心旋转，在0.2s时、0.4s时、0.6s时、0.8s时和1s时钻杆径向切削液流动速度（Velocity Streamline）的变化情况。在0.2s时钻杆周

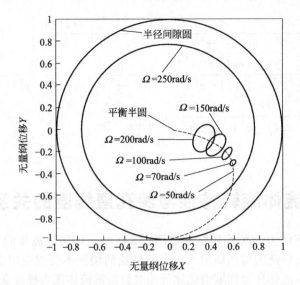

图 4.4 钻杆中心轨迹随钻杆转速的变化规律

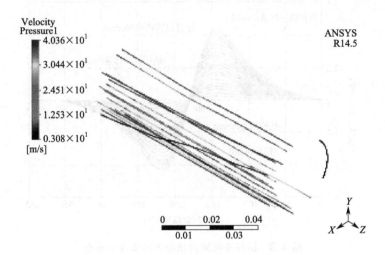

图 4.5 0s 时钻杆轴向切削液速度流线

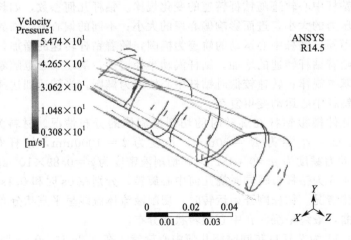

图 4.6 0.1s 时钻杆轴向切削液速度流线

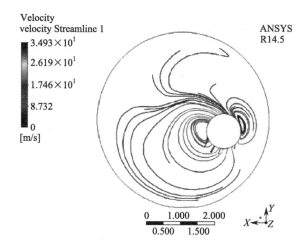

图 4.7 0.2s 时钻杆径向切削液速度流线图

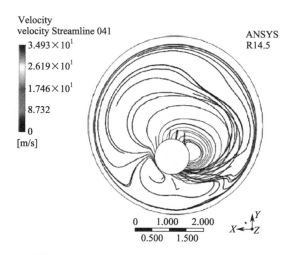

图 4.8 0.4s 时钻杆径向切削液速度流线图

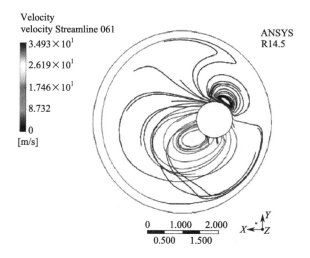

图 4.9 0.6s 时钻杆径向切削液速度流线图

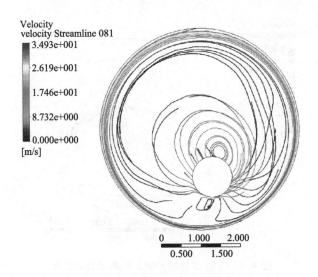

图 4.10　0.8s 时钻杆径向切削液速度流线图

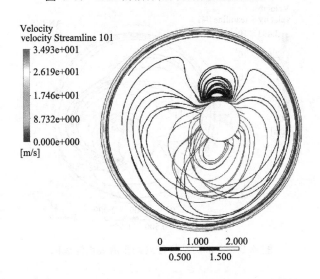

图 4.11　1.0s 时钻杆径向切削液速度流线图

围的切削液开始按照钻杆旋转方向的分布，同时切削液在钻杆周围形成了两个呈抛物线状分布的流线漩涡，两漩涡的位置大致呈 180°对称分布；在 0.4s 时和 0.6s 时钻杆周围按照钻杆旋转方向分布的切削液速度流线逐渐增多；在 0.8s 时和 1s 时钻杆周围按照钻杆旋转方向分布的切削液速度流线基本不变，但是孔壁表面的流线不断增多；以上各时间段均有两个旋涡状速度流线，且漩涡状速度流线位置均在最小油膜间隙与最大油膜间隙连线上。从以上情况可以看出，切削液流体速度在钻杆和孔壁间隙沿钻杆周向速度分布是不均匀的；切削液流体被高速旋转的钻杆带动一起运动，无论是顺着钻杆转动方向从较宽的空间间隙流入较窄的空间间隙形成压缩切削液流体时，还是从较窄的间隙流入较宽的间隙形成发散切削液流体时，均改变了切削液速度流线方向。

如图 4.12 所示为钻杆自转对深孔直线度的影响规律：在相同流体入口压力下，随着钻杆自转转速的增加，深孔直线度误差减小；在相同转速下，随着入口压力的减小，深孔直线度误差减小。

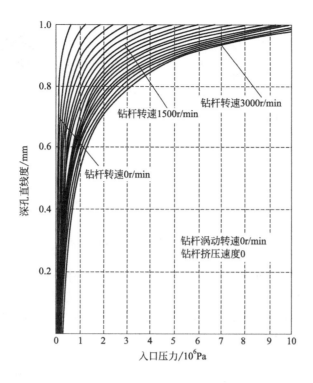

图 4.12　钻杆自转对深孔直线度的影响规律

4.6　切削液流体涡动特性与深孔直线度的关系

4.6.1　钻杆涡动分析

　　深孔加工过程中，旋转钻杆由于切削液流体力的作用，钻杆的几何中心线将偏离深孔的中心线，这就造成钻杆在深孔中做偏心旋转运动，此时会形成一个进口断面和出口断面不等的油楔，钻杆从油楔空间间隙大的地方带入的油量大于从空间间隙小的地方带出的油量，由于切削液流体的不可压缩性，多余的切削液将会迫使钻杆中心绕一平衡点作椭圆轨迹的公转运动；同时，切削液流体也会随着钻杆一起运动引起涡动。切削液的楔形按流体的平均流速绕钻杆几何中心有规律周期运动的现象称为油膜涡动，因其周向平均速度为钻杆圆周速度的一半，又称为切削液的半速涡动。

　　钻杆工作时，在孔壁表面的油膜周向速度为零，而在钻杆表面的流体速度与钻杆表面旋转速度相同，这样稳定切削状态下不论在圆周上的任何剖面，流体的平均速度均为钻杆圆周速度的一半。钻杆高速旋转时，切削液流体厚度随楔形不断变化，但流体的平均流速却保持不变。钻杆切削液流体力的涡动特性，在轴钻杆涡动转速低于钻杆自旋转速的 1/2s 时，流体力随转速的增加而增大；反之则随着流体力的增加而减小。总之，钻杆涡动效果始终削弱钻杆自旋惯性对流体力作用的影响。

　　深孔加工旋转钻杆的运动可以分解为钻杆自身旋转运动、钻杆绕孔中心的公转运动、钻杆的进给运动和钻杆的径向运动。当钻杆进动转向与自转方向一致时，称为正向进动，如图 4.13（a）所示；当进动转向与自转方向相反时，称为反向进动，如图 4.13（b）所示。

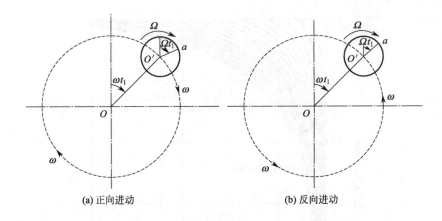

(a) 正向进动   (b) 反向进动

图 4.13 深孔钻杆进动方式

如果自转角速度等于进动角速度，即有 $\Omega = \omega$，此时钻杆上任意一点都绕进动轴线做定轴转动，称为同步进动或协调进动；反之，若 $\Omega \neq \omega$ 时，称为异步进动或非协调进动。协调进动中钻杆的 a 点始终在 OO' 延长线上，如图 4.14（a）所示；而对于非协调进动，钻杆上的点 a 与 OO' 线的夹角随着时间而变，如图 4.14(b) 所示。

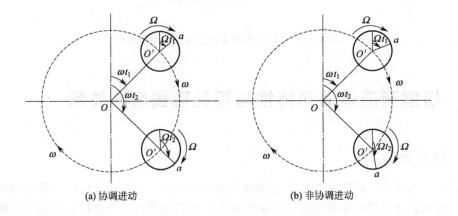

(a) 协调进动   (b) 非协调进动

图 4.14 协调进动和非协调进动

钻杆的涡动有定常涡动、变轨迹涡动两种形式。当忽略深孔钻杆系统未受切削液流体力扰动时，钻杆会进入定常涡动状态，其前四阶振型图如图 4.15(a)～(d) 所示。

在深孔加工实际过程中，钻杆的涡动是变轨涡动。当钻杆在深孔内以一定速度绕自身几何中心线旋转时，由于离心力和流体力的共同作用，钻杆贴向孔壁。在切削液流体力的作用下，钻杆与深孔壁面接触点将会以一定的转速按逆时针反方向，绕深孔中心线做一近似旋转的运动，这种行为叫作深孔钻杆与深孔壁面的碰摩接触现象，此时的钻杆自身运动受到孔壁摩擦力的作用，接触孔壁涡动时产生的正向扰动和反向扰动均会使钻杆脱离孔壁进入自由阻尼变轨涡动状态。

4.6.2 钻杆与孔壁碰撞接触分析

钻杆与工件孔壁碰撞问题是由边界条件的非线性性质引起的，表现在钻杆与工件孔壁接

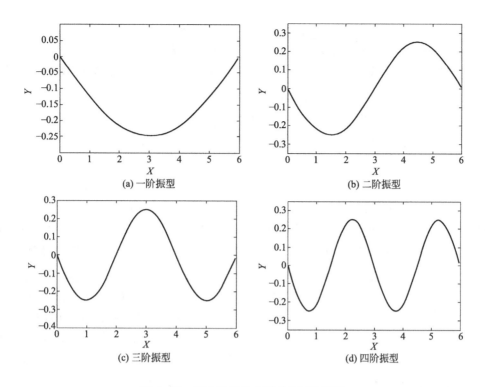

(a) 一阶振型

(b) 二阶振型

(c) 三阶振型

(d) 四阶振型

图 4.15 深孔钻杆自由涡动前四阶振型

触面的变形、摩擦和滑移。随着切削液流体力和钻杆位移的改变，钻杆与工件孔壁接触面可能在滑移状态与黏结状态之间相互转变，随着切削液流体力的增加或减小，在钻杆与工件孔壁接触面会出现弹塑性变形，使钻杆屈曲变为大变形问题、接触问题和摩擦问题的耦合，这使其求解过程更为困难和复杂。若要求得到精确的解析解是十分困难的，甚至是不可能的，只能采用数值模拟分析，其中非线性有限元方法是目前求解这一问题最有效的途径；如图 4.16 为钻杆变轨涡动碰磨过程。钻杆在深孔中心做同心转动，逐渐变化为绕深孔中心的变轨涡动，最终演化为与深孔内壁面的碰摩，接触。

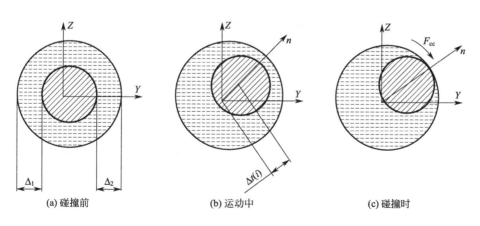

(a) 碰撞前

(b) 运动中

(c) 碰撞时

图 4.16 钻杆变轨涡动碰摩过程

钻杆碰撞运动的动力学方程，利用有限元方法，将钻杆之间划分为 n 个梁单元，根据多自由度动力学的拉格朗日方程

$$\frac{\mathrm{d}}{\mathrm{d}t}\left|\frac{T-U}{\partial \dot{d}_e}\right|-\left|\frac{\partial(T-U)}{\partial d_e}\right|+\left|\frac{\partial R}{\partial \dot{d}_e}\right|=\{0\} \tag{4.19}$$

式中，T 为梁单元的动能；U 为梁单元的势能；R 为梁单元的耗散函数；d_e 为梁单元节点的位移；$\dot{d}_e$ 为梁单元节点的速度向量。

在局部坐标系下，可得到梁单元的运动方程：

$$M_e\ddot{d}_e(t)+C_e\dot{d}_e(t)+[K_0^e+K_N^e(t)+K_q^e(t)]d_e(t)=F_e(t)+R_e(t) \tag{4.20}$$

上式经坐标变换可得

$$M\ddot{d}(t)+C\dot{d}(t)+[K_0+K_N(t)+K_q(t)]d(t)=F(t)+R(t) \tag{4.21}$$

式中，$M(M_e)$ 为钻杆（梁单元）的质量矩阵；$C(C_e)$ 为钻杆（梁单元）的阻尼矩阵；$K_0(K_0^e)$ 为钻杆（梁单元）的线性刚度矩阵；$K_N(K_N^e)$ 为钻杆（梁单元）的大位移刚度矩阵；$K_q(K_q^e)$ 为钻杆（梁单元）的几何刚度矩阵；$d(t)[d_e(t)]$ 为钻杆（梁单元）的位移；$\dot{d}(t)[\dot{d}_e(t)]$ 为钻杆（梁单元）的速度；$\ddot{d}(t)[\ddot{d}_e(t)]$ 为钻杆（梁单元）的加速度；$F(t)[F_e(t)]$ 为钻杆（梁单元）的受力列向量；$R(t)[R_e(t)]$ 为钻杆（梁单元）的附加力。

如图 4.17 所示，在描述钻杆与深孔内壁碰撞接触时，根据钻杆位移及钻杆速度变化进行判断：

$$\begin{cases} |S_e(t)|>\dfrac{D-d}{2} \\ |v_e(t+\Delta t)-v_e(t)|>\Delta v_0 \end{cases} \tag{4.22}$$

式中，$S_e(t)$ 为节点位移列阵；$v_e(t)$ 为节点速度列阵；Δv_0 为速度该变量。

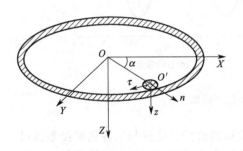

图 4.17　碰撞坐标系的建立

钻杆与孔壁的碰撞过程中，存在能量损失，应用非完全弹性碰撞条件：

$$\dot{d}_{i+}=-R\dot{d}_{i-} \tag{4.23}$$

式中，R 为非完全碰撞恢复系数，由通过实验或经验确定；$\dot{d}_{i+}$，$\dot{d}_{i-}$ 表示结点碰撞前后的速度。

钻杆在深孔加工过程中，其两端的边界条件为

$$\begin{cases} \theta_h(t)=nt \\ \omega_h(t)=n \\ a_h(t)=0 \\ M=M_b+\Delta M_b \\ F=F_b+\Delta F_b \end{cases} \tag{4.24}$$

式中，$\theta_h(t)$ 为钻杆的角位移；$\omega_h(t)$ 为钻杆的角速度；$a_h(t)$ 为钻杆的角加速度；n 为钻杆的转速；M、F 分别为钻杆受到的扭矩和轴向力；M_b、F_b 分别为钻杆在恒定转速时所产生的扭矩和轴向力；ΔM_b、ΔF_b 分别为钻杆工作时的动载荷幅值。

根据 Newmark 积分格式法的速度一次展开式，可以得到相邻两个时刻 t 和 $t+\Delta t$ 加速度、速度和位移之间的关系：

$$d(t+\Delta t)=d(t)+\dot{d}(t)\Delta t+\left[\left(\frac{1}{2}-\alpha\right)\ddot{d}(t)+\alpha\ddot{d}(t+\Delta t)\right]\Delta t^2 \tag{4.25}$$

$$\dot{d}(t+\Delta t)=\dot{d}(t)+[(1-\delta)\ddot{d}(t)+\delta\ddot{d}(t+\Delta t)]\Delta t \tag{4.26}$$

若 t 时刻的位移、速度和加速度已知，则可根据条件求出 $t+\Delta t$ 时刻的位移、速度和加速度，具体计算如下：

$$\frac{1}{\alpha\Delta t^2}M+\frac{\delta}{\alpha\Delta t}C(t)+K(t)d(t+\Delta t)=F(t)+R_c(t)$$

$$+\left[\frac{1}{\alpha\Delta t^2}d(t)+\frac{\delta}{\alpha\Delta t}d(t)+\left(\frac{1}{2\alpha}-1\right)\ddot{d}(t)\right]M$$

$$+\left[\frac{1}{\alpha\Delta t}d(t)+\left(\frac{\delta}{\alpha}-1\right)d(t)+\left(\frac{\delta}{2\alpha}-1\right)\Delta t\ddot{d}(t)\right] \tag{4.27}$$

$$\ddot{d}(t+\Delta t)=\frac{1}{\alpha\Delta t^2}[d(t+\Delta t)-d(t)]-\frac{1}{\alpha\Delta t}\dot{d}(t)-\left(\frac{1}{2\alpha}-1\right)\ddot{d}(t) \tag{4.28}$$

$$\dot{d}(t+\Delta t)=d(t)+(1-\delta)\Delta t\ddot{d}(t)+\delta\Delta t\ddot{d}(t+\Delta t) \tag{4.29}$$

方程式(4.29)的求解必须进行碰撞状态判别，并进行修正迭代计算。图 4.18 为计算钻杆真实运动状态的流程图。

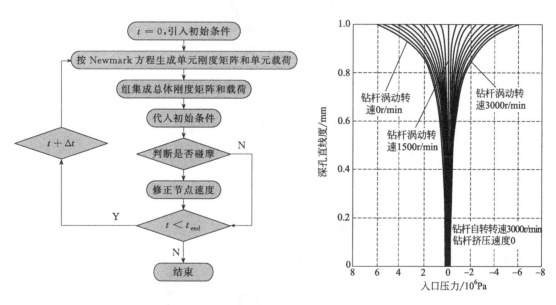

图 4.18 计算钻杆真实运动状态的流程图　　　　图 4.19 钻杆涡动对深孔直线度的影响规律

如图 4.19 所示为钻杆涡动对深孔直线度的影响规律。在切削液流体入口为相同正压力条件下，随着钻杆涡动转速的减小，深孔直线度误差减小；在相同涡动转速的条件下，入口压力为正压时，深孔直线度误差随着供油压力的减小而减小。

4.7　切削液流体挤压特性与深孔直线度的关系

深孔加工过程中，切削液流体力的挤压特性如图 4.20 所示。随着切削液流体挤压速度的增加，切削液流体的压力也随之增加。切削液流体挤压力的变化周期为 2π，切削液挤压速度的变化不会改变切削液挤压力的变化周期。随着切削液挤压速度增加，切削液压力的梯度不断变大，即切削液流体的挤压速度越大，切削液压力梯度越大；同时，偏心越大，切削液压力增加的效应越显著，在发散油楔则产生与之相反的特性；较小挤压速度时，钻杆在深孔中有较小的偏心率，$\partial \varepsilon / \partial t$ 的变化对流体力的影响较小，切削液流体力主要体现在钻杆旋转惯性和收敛油楔的作用。在较大挤压速度时，钻杆有较大偏心率，切削液流体力随着 $\partial \varepsilon / \partial t$ 的增加而升高，切削液流体力则表现出显著的动态挤压特性。

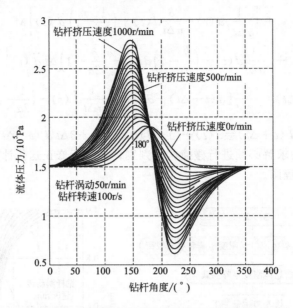

图 4.20 钻杆挤压速度对流体压力分布的影响

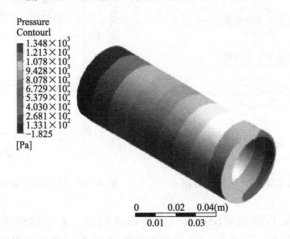

图 4.21 切削液流体的压力分布

　　图 4.21 和图 4.22 分别为切削液流体的压力分布和切削液流体压力矢量。钻杆受到的切削液流体力在收敛空间间隙为正压，而在发散空间间隙为负压；随着钻杆转速的增加，钻杆偏心率不断减小，导致钻杆的支撑压强在不断减小，使钻杆的挤压效果不断变弱；在相同切削液压力分布的情况下，增加钻杆转速，可相应降低供油压力；钻杆的挤压速度越大，对切削液流体压力分布影响越大，尤其是在最小切削液间隙处的切削液流体压力变化影响更加显著。但是，不改变钻杆自旋转对油膜压力分布变化规律的影响。

　　图 4.23～图 4.27 揭示了 BTA 钻杆在 0.2～1s 时，钻杆切削液流体的压力分布。由结果可以看出，切削液流体压力在钻杆和孔壁间隙沿周向分布是不均匀的；在 0.2s 时，切削

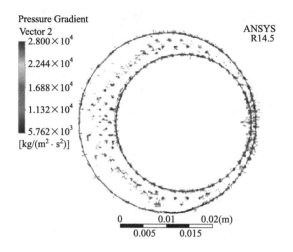

图 4.22　切削液流体压力矢量

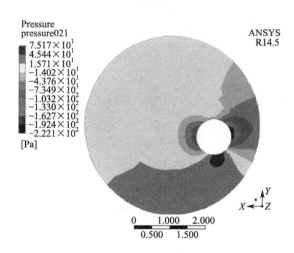

图 4.23　0.2s 时切削液流体的压力分布

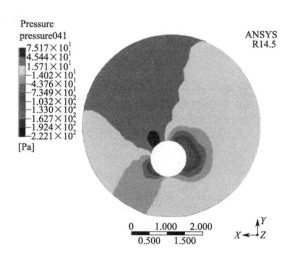

图 4.24　0.4s 时切削液流体的压力分布

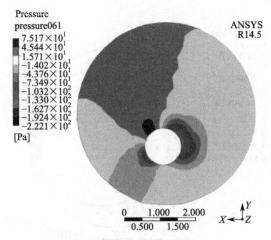

图 4.25 0.6s 时切削液流体的压力分布

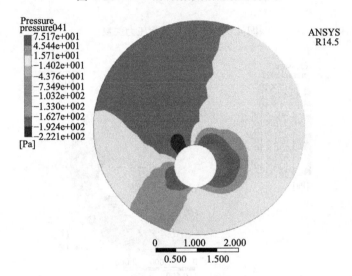

图 4.26 0.8s 时切削液流体的压力分布

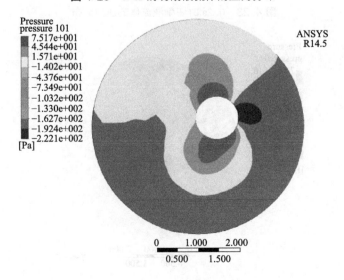

图 4.27 1.0s 时切削液流体的压力分布

液流体压力分布呈两抛物线状，且压力分布大致呈180°对称分布于钻杆的两侧；在0.4～1s时，在钻杆的运动方向一直有较高压力区域，阻碍钻杆的旋转；与钻杆旋转运动方向同向的切削液流体一直处于压缩状态，切削液流体对钻杆作用为正压，压力随着钻杆转速的增加而增大；在最小和最大钻杆孔壁间隙处的压力，只取决于供油压力的大小，油压的极值角保持不变；以上各时间内均有两个抛物线状压力分布，且抛物线状压力分布位置均在最小油膜间隙与最大油膜间隙连线上；当切削液流体被旋转的钻杆带动，顺着转动方向从较宽的间隙流入较窄的间隙形成压缩油膜时，切削液压力升高；而从较窄的间隙流入较宽的间隙形成发散油楔时，切削液流体压力降低。

如图4.28所示为钻杆挤压对深孔直线度的影响，在切削液流体入口正压力下，随着钻杆挤压转速的增加，深孔直线度误差随之增加；在相同挤压转速下，深孔直线度误差随着流体入口压力的减小而减小。

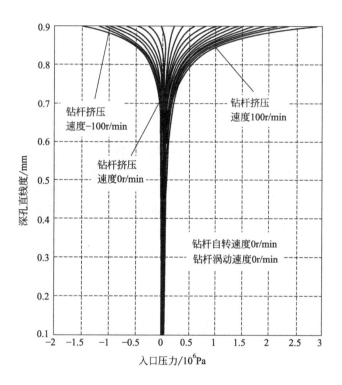

图4.28 钻杆挤压对深孔直线度的影响

第5章

流体动压作用下的 BTA 深孔刀具自导向技术

深孔加工方法经常是贵重工件生产中的最后步骤之一，比如涡轮的轴孔和压缩机的轴孔的加工都经常是以深孔加工为最后工艺步骤，而深孔刀具系统对深孔加工中的一系列问题有重要影响。深孔刀具系统会对深孔直线度产生较大影响，同时切削液流体的运动状态也会对深孔直线度产生较大影响，主要影响因素包括刀具材料、刀具形状、刀具直径、几何参数、切削参数、进给速度、刀齿布置、刀齿几何形状、刀具系统的力学性能（刚度、强度）、排屑方式、导向方案、供油方法、生产率、加工质量和结构工艺性等。利用切削液动压润滑理论，结合 BTA 深孔加工原理，揭示 BTA 刀具系统运动状态与切削液流体力之间的关系。通过改变刀具系统结构参数、控制切削液流体力、调节刀具运动状态、实现钻头的自导向，是控制深孔直线度的一种行之有效的方法。

5.1 深孔多刃错齿内排屑刀具受力分析

深孔多刃错齿内排屑刀具是深孔刀具系列中典型的结构，在加工过程中对其进行分析可以得出一系列深孔刀具的受力特点，对深孔刀具轴心偏斜的分析也有重要意义。多刃错齿内排屑深孔刀具与单刃内排屑深孔刀具相比，切削力、切削扭矩可减小 45%～50%，功率减小 20%，刀具耐用度提高 35% 左右。故选用多刃错齿内排屑深孔刀具为主要的分析对象。深孔刀具所受的力可分为四类。

① 切削力：深孔刀具所受切削力可以分解为相互垂直的切向分力 F_{xr}、径向分力 F_{yr} 和轴向分力 F_{zr}，其中径向分力 F_{xr} 主要引起孔轴心的偏斜，轴向分力 F_{zr} 即进给推力主要引起入钻角度的变化。

② 摩擦力：导向块相对孔壁转动时产生摩擦力 F_{f_1} 和 F_{f_2}；导向块沿轴向移动时与孔壁之间产生的轴向摩擦力 F_{fx1} 和 F_{fx2}；同样，副切削刃与孔壁之间的摩擦力为 F_{f_3} 和 F_{ft_3}，工件与刀具的摩擦力大小一定程度上影响了加工孔表面的粗糙度和表面质量。

③ 导向块的挤压力：导向块和副切削刃与孔壁之间的挤压力为 N_1、N_2 和 N_3，工件与刀具间的挤压力有助于刀具的自导向功能，加工出轴心偏斜较小的深孔。加工出孔的圆度

也是由导向块的挤压力决定的。

④ 切削液压力：高压切削液对深孔刀具的压力，高压切削液主要帮助系统排屑，冲出加工出的切屑；同时，对刀具起柔性支撑作用，抵消刀具的振动。

深孔刀具力学模型如图 5.1 所示，为了便于分析和计算，可忽略切削液对刀具的作用力；同时，将深孔刀具所受切削力向轴心简化，得到平面切削力模型。简化后，切削力合力及其合力矩为

$$F_{bor} = \sum F_y \tag{5.1}$$

$$F_{ver} = \sum F_x \tag{5.2}$$

$$M_s = \sum m_O(F_z) \tag{5.3}$$

式 (5.1)～(5.3) 中，F_{bor} 为水平方向（y 方向）切削合力；F_{ver} 为垂直方向（z 方向）切削合力；M_s 为切向合力矩。

考虑深孔刀具在力平衡状态时的情况，并忽略 N_3 和 F_{f_3}，则可得到深孔刀具在 y-z 平面受力的力学模型。受力平衡方程：

$$\sum Y = 0 \qquad F_{bor} + N_1 \cos\delta_1 + N_2 \cos\delta_2 - F_{f_1} \sin\delta_1 - F_{f_2} \sin\delta_2 = 0 \tag{5.4}$$

$$\sum Z = 0 \qquad F_{vor} + N_1 \sin\delta_1 + N_2 \sin\delta_2 - F_{f_1} \cos\delta_1 + F_{f_2} \cos\delta_2 = 0 \tag{5.5}$$

$$\sum M = 0 \qquad M_s + F_{f_1} \frac{d_0}{2} + F_{f_2} \frac{d_0}{2} - M_b = 0 \tag{5.6}$$

$$F_{f_1} = \mu N_1, \quad F_{f_2} = \mu N_2 \tag{5.7}$$

式 (5.4)～(5.7) 中，M_b 为钻杆对刀具支撑力矩；d_0 为刀具直径；δ_1 为导向块 1 位置角；δ_2 为导向块 2 位置角；μ 为工件与导向块的摩擦系数。

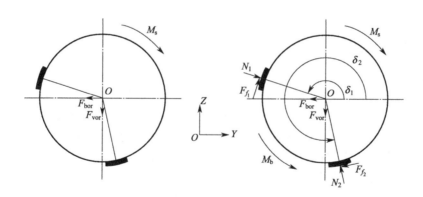

图 5.1 深孔刀具力学模型

当 d_0、δ_1，δ_2 和 μ 为已知时，只要知道切削力 F_{yr} 和 F_{zr}，可由公式计算出 F_{bor}，F_{ver} 和 M_s，再由公式就可计算 F_{f_1}，F_{f_2} 和 M。

切削力经验公式（指数公式）：切削力的经验公式是通过大量实验，用测力仪测得切削力值并将数据经过数学方法处理后得到的计算式。这些公式在金属切削实验中得到广泛的应用，常见的形式有

$$F_X = C_{F_X} a_p^{X_{F_X}} f^{Y_{F_X}} z^{n_{P_X}} K_{F_X} \tag{5.8}$$

$$F_Y = C_{F_Y} a_p^{X_{F_Y}} f^{Y_{F_Y}} z^{n_{P_Y}} K_{F_Y} \tag{5.9}$$

$$F_Z = C_{F_Z} a_p^{X_{F_Z}} f^{Y_{F_Z}} z^{n_{P_Z}} K_{F_Z} \tag{5.10}$$

式中，C_{F_X}、C_{F_Y}、C_{F_Z} 为切削系数，决定工件材料和切削条件；X_{F_Z}、Y_{F_Z}、n_{P_Z}、X_{F_Y}、Y_{F_Y}、n_{P_Y}、X_{F_X}、Y_{F_X}、n_{P_X} 分别为 3 个分力公式中背吃刀量 a_p、进给量 f 和切削速度 v 的指数；K_{F_X}，K_{F_Y}，K_{F_Z} 分别为 3 个分力公式中，当实际切削条件与所求得经验公式的条件不符时，各种因素对切削力的修正系数。

5.2 刀具系统各部件对深孔轴心偏斜的影响分析

与车刀等普通切削刀具相比，深孔多刃错齿内排屑刀具在加工条件的要求上有以下明显不同：①切削刃必须有足够的耐用度；②大部分切削热遗留在切削液中，使切削液温度升高；③单位时间所产生的切削热量比普通刀具大得多；④各刀齿的进给量完全相同而切速相差悬殊；⑤外周切削刃切速最高，中心刃则接近于零，因此各刀齿的工作条件差别很大；⑥深孔刀具的价格远远高于其他普通刀具，而且因内排屑刀具难以重磨，实际上只能一次性使用。为了避免刀具损伤，应充分重视合理选择刀片材料的问题。深孔多刃错齿内排屑刀具选用可转位涂层刀片，刀片涂层应选用不同硬质合金牌号的材料。在切削速度很高的情况下，边齿刀片选择有较高耐磨性的牌号，而中心刀片要求韧性高的牌号。有关工件的选择和车削相同。由于切削速度很少超过 100 m/min，极耐磨同时又很脆的刀具材料并不受欢迎，最重要的是保证不崩刃并避免积屑瘤。深孔多刃错齿内排屑刀具的导向块材料选择与边齿刀片相同的材料牌号。

5.2.1 各刀齿的设计分析

在静力学中"稳定度"的概念作为合理布置刀刃与导向块位置的理论根据。稳定度 S 的定义为 $S = \sum M_w / \sum M_q$，式中，M_w 为稳定力矩；M_q 为倾覆力矩。深孔刀具加工深孔时是利用边齿的副刀刃和两个导向块的三点定位、自身导向进行切削。刀具在加工过程中所受的力和力矩平衡是稳定加工的必要条件，同时各切削力大小对孔轴心偏斜至关重要。如果外刃和中心刃合成的加工力与内刃所产生的加工力不相互平衡，并大大超过导向块的支撑导向能力时，则容易引起孔径的扩大与孔轴心偏斜。刀具在正常工作中，为保证加工过程的稳定性，导向块必须始终保持与已加工孔壁接触，并有一定的压力存在。

5.2.1.1 中心齿的几何参数设计

刀片位于刀具中心位置，故称为中心齿（图 5.2）。中心齿的宽度必须覆盖中心点，一般情况下需超过中心点 1mm 左右。中心齿的切削刃应微低于刀具中心，以避免"零切速"现象发生。为避免以上弊端，对中心齿的内刃磨出负值的刃倾角（一般取值范围在 5°～10°之间）和负前角（一般取值范围在 5°～10°之间），使中心齿前刀面低于中心（一般取值范围在 0.5～1mm 之间）。内刃的后角应取较大值（一般取值范围在 10°～15°之间），以减小轴向抗力。一般单选钨钴类硬质合金做刀齿材料，主要原因是中心齿切速低，承受切削抗力较大。

5.2.1.2 中间齿

如图 5.3 所示是按齿宽配比设计出来的刀齿中间齿工作宽度。由于工艺上的考虑，必

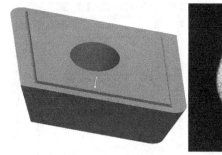
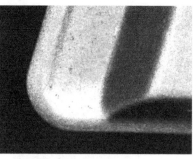

图 5.2　中心齿

须对部分刀齿加宽，使互相错开的刀齿有一定的覆盖量。正确的设计方法是中间齿按工作宽度设计，与其相邻的两个刀齿则分别加宽一个覆盖量，取值一般不小于 0.5mm。为保证深加工的顺利进行，中间齿必须有一定的超前量设计，中间齿首先接触到工件，最先进行切削。中间齿应该适当超前 δ（δ 一般取值为进给量的 3 倍或 0.5mm），这样中间齿相当于一把切槽刀，其两侧刃必须磨出倒锥角和后角。假如中间齿仅仅转 180°移向对侧，由于正侧与对侧的刀齿相互差半个进给量，它们是不可能同时在一条线上进行切削的，在这种设计的基础上，中心齿和边齿的切削条件将相应得到改善，而中间齿的切削条件将会变得最差。应合理分配内外刃宽度，在外刃后刀面设置分屑刃，以缩小切屑宽度。排屑能力与刀具直径大小无关：直径越小，油压越大。切屑宽度、排屑通道尺寸和刀具直径三者之间是线性关系。

图 5.3　刀齿中间齿工作宽度

5.2.1.3　边齿

边齿和中心齿、中间齿最大的不同在于，边齿外围有定径刃圆弧带的存在。边齿如图 5.4 所示。定径刃圆弧带承受径向压力及摩擦力，与两导向条一起，共同保证刀具的平衡和稳定，有一定的宽度。但如取值过大，会减弱其对孔壁的修光作用。一般取值范围在 0.3～0.6mm 之间，工件材质硬时取较大值；定径刃的后角取值 8°～12°。

各切削刃的前角和后角，对深孔轴心偏斜量有重要影响。各个外齿的前刀面高度要低于刀具中心，刃磨后的外切削刃，其前刀面的位置最好低于刀具中心 0.05～0.2mm。各外刃的前角和后角均要考虑断屑情况和工件材质。对于硬度高、强度大的材料，取后角为 6°～8°，一般材料取后角是 8°～12°，对易加工的有色金属及其合金后角可大于 12°。

图 5.4 边齿

刀片切削部分的性能必须能满足以下要求：①较高的耐热性和韧性；②足够的强度和硬度；③较高的耐磨性；④良好的导热性和热冲击性能；⑤良好的工艺性和经济性。常用的刀片材料有高速钢、硬质合金、陶瓷、金刚石、立方氮化硼和涂层刀片等。涂层刀片是最近十几年出现的一种新型刀具材料，常用的涂层材料有 TiC、TiN 和 Al_2O_3 等。涂层刀片是在一些韧性、强度和耐热性较好的高速钢、硬质合金刀片基体上，涂覆一层耐磨性高的难熔化金属化合物而获得的。因陶瓷刀片的抗弯强度和韧性差，金刚石刀具价格昂贵，加工、焊接都非常困难，而且金刚石能与铁发生化学反应不宜于切削铁及其合金工件等原因，故深孔刀片多选用涂层刀片，如图 5.5 所示。深孔刀片均为精制刀片，定位刀槽也十分准确，保证了刀片的转位、定位及尺寸精度，使各刀片能准确地保证各自相互精确及最佳的切削位置，发挥良好的切削性能。

图 5.5 涂层刀片

5.2.1.4 导向块

深孔刀具的导向块（图 5.6）具有支撑、导向、稳定与挤压作用，其设计原则如下：①使作用于切削刃上的合力在孔中起着有利于支撑刀具的作用；②作用在各个导向块单位面积上的压力应最小，并要求最好相等，以保证两个导向块磨损均匀；③刀具支撑于孔中应尽可能保持稳定。

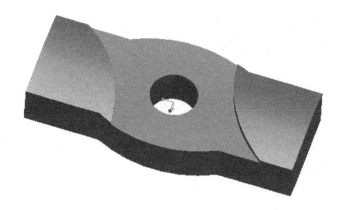

图 5.6 导向块

导向块的分布可以按导向块受力不同而确定。深孔刀具的受力平衡情况可以用深孔刀具某一导向块的稳定度、稳定力矩和倾覆力矩来表示。以所要研究的那个导向块作为支点，使非研究的那个导向块压向孔表面的力矩为稳定力矩；以非研究的那个导向块脱离孔壁的力矩为倾覆力矩，稳定力矩和倾覆力矩是一对相反的概念。一个刀具就有导向块 1 的稳定度 S_1 及导向块 2 的稳定度 S_2，这两个稳定度。把两者中最小的作为整个刀具的稳定度 S：$S_1 > S_2$ 时，$S = S_2$；$S_1 < S_2$ 时，$S = S_1$。

为了计算刀具的稳定度，根据导向块可能的布置（图 5.7）4 种情况，给出稳定力矩 M_w 和倾覆力矩 M_q 的计算公式。

① $110° < \delta_1 < 180°$，$180° < \delta_2 < 270°$ 时

$$M_{w_1} = F_{hor} R \sin\delta_1 - F_{ver} R \cos\delta_2 + M_b \tag{5.11}$$

$$M_{q_1} = M_b \tag{5.12}$$

$$M_{w_2} = M_b - F_{hor} R \sin\delta_2 \tag{5.13}$$

$$M_{q_2} = M_s - F_{ver} R \cos\delta_2 \tag{5.14}$$

② $110° < \delta_1 < 180°$，$270° < \delta_2 < 360°$ 时

$$M_{w_1} = F_{hor} R \sin\delta_1 - F_{ver} R \cos\delta_1 + M_b \tag{5.15}$$

$$M_{q_1} = M_b \tag{5.16}$$

$$M_{w_2} = M_b - F_{hor} R \sin\delta_2 + F_{ver} R \cos\delta_2 \tag{5.17}$$

$$M_{q_2} = M_s \tag{5.18}$$

③ $180° < \delta_1 < 270°$，$180° < \delta_2 < 270°$ 时

$$M_{w_1} = M_s - F_{ver} R \cos\delta_1 \tag{5.19}$$

$$M_{q_1} = M_b - F_{hor} R \sin\delta_1 \tag{5.20}$$

$$M_{w_2} = M_b - F_{hor} R \sin\delta_2 \tag{5.21}$$

$$M_{q_2} = M_s - F_{ver} R \cos\delta_2 \tag{5.22}$$

④ $180° < \delta_1 < 270°$，$270° < \delta_2 < 360°$ 时

$$M_{w_1} = M_s - F_{ver} R \cos\delta_1 \tag{5.23}$$

$$M_{q_1} = M_b - F_{hor} R \sin\delta_1 \tag{5.24}$$

$$M_{w_2} = M_b + F_{ver} R \cos\delta_2 - F_{hor} R \sin\delta_2 \tag{5.25}$$

$$M_{q_2} = M_s \tag{5.26}$$

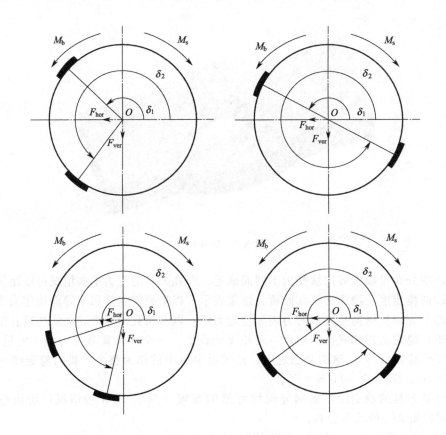

图 5.7 导向块可能的布置

式中，R 为刀具直径。

根据稳定性力矩与倾覆性力矩的计算公式，有

$$S = f(F_{ver}, F_{hor}, M_s, M_b, R, \delta_1, \delta_2) \tag{5.27}$$

当切削力计算出来后，则 F_{ver}、F_{hor}、M_s、M_b 为常量，R 亦为常量。此时，稳定度 S 是位置角 δ_1，δ_2 的函数，即 $S = f(\delta_1, \delta_2)$。

取 δ_1、δ_2 可能变化的范围，并取适当的增量（一般为 $1° \sim 5°$）算出任意位置角 δ_1、δ_2 组合时刀具的稳定度，取稳定度最大（$S_1 = S_2$）时的 δ_1、δ_2 作为导向块布置的位置角。也可将 δ_1、δ_2 适当匹配（一般取 $\delta_2 - \delta_1 = 90°$），这样 S 就为单变量函数。通过单变量循环计算，可获得 δ_1、δ_2 在一定匹配下稳定度最大时的位置角。

根据两导向块所受正压力 N_1 和 N_2 相等原则也可以确定导向块在深孔刀体上的分布方式。当刀具受到的正压力相等时，两导向块会同时达到磨钝标准，并且在磨损过程中很均匀，可避免因为一个导向块磨损过快而导致整个焊接刀具过早报废。计算出使刀具正压力相等时的 δ_1、δ_2 值，再适当做出微量变化，即为两导向块分布的位置角。

由以上结果可以看出，两种不同情况下得到了导向块不同的位置角。综合考虑深孔加工的精度、加工质量和刀具耐用度等方面，可知按最大稳定度原则来确定导向块的位置角 δ_1、δ_2 比较合理，对于由此产生的两导向块受力不相等、磨损不均匀的缺陷，可以采取在受力大的导向块的位置增加承受载荷的面积，如增加辅助导向块或加大导向块宽度方法获得。

5.2.2 刀齿和导向块的磨损

深孔刀具常见的磨损类型如下。①黏结磨损。刀片和导向块工作表面出现麻点、凹坑，这是由于黏结后的继续运动，工作表面将导向块或刀片材料带走所致，刀具材料与工作表面在一定温度下黏着力增大，发生冷焊。②扩散磨损。加工过程中，导向块、刀片与工件新鲜表面接触。由于材料表面存在着浓度梯度，便会出现相互扩散磨损的现象，刀具中的碳元素会扩散到钛合金中形成 TiC，刀具材料性能下降，特别是切削温度高，扩散现象更加剧烈，使刀具磨损大为加剧。导向块材料组织的内部组织缺陷如裂纹、内应力分布不均匀等造成的导向块各微区的表面强度的差异，刀具和工件摩擦过程中的疲劳现象以及晶粒晶界杂质等现象都是由于黏结造成，撕裂也会发生在刀具一方。③机械磨损。刀片磨损相对于导向块磨损来说是极其轻微的，由外向内各刀片的磨损量依次减小。在正常情况下，中心齿和内刃齿几乎没有磨损和破损，多在刀片的后刀面上出现积炭发黑的现象，呈窄窄的一条黑带。外刀齿出现崩刀是由于切削过程中出现堵塞时，急剧振动造成的。④氧化磨损。在内排屑深孔加工时，由于轴向力不过轴心，或由于机床回转中心线与刀具中心线不一致，或由于导向套和刀具的配合间隙较大，都将导致孔中心轴线走偏，并形成入钻和出钻处的喇叭口现象。

如图 5.8 所示，可以发现中心齿的磨损有很多独有的特点，从刀片的两端对比可以发现一端几乎没有发生磨损，另一端有明显磨损过的痕迹，而且磨损痕迹和未磨损痕迹间有清晰的界限。这主要是因为中心齿在切削过程中存在没有参与切削的部分，即中心齿在零切削速度点处开始出现切削材料，出现磨损痕迹。刀具从未磨损处到磨损处，磨损带的宽度逐渐加大，主要是因为刀具以相同的角速度在加工的同时，离刀具轴心越远的地方线速度越大，使得刀具切除更多的材料，造成磨损带逐渐地变宽。此外，中心齿由于切速低，切削条件很差，容易发生崩刃。

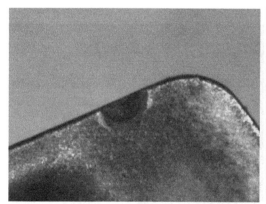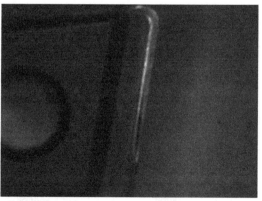

图 5.8 中心齿破损和磨损

如图 5.9 所示，仔细观察中间齿的磨损会发现，在刀刃的两端没有磨损的迹象，只有发黑的痕迹，主要原因是由于错齿刀具叠齿量的原因，即中间齿没有磨损的部分恰好是与中心齿与边齿叠齿的地方，中心齿与边齿已经将加工材料去除，中间齿叠齿部分未能参与切削。齿面发黑是由于连续切削过程中产生的高温、氧化及烧蚀刀片表面所造成的。与中心齿相比，中间齿表面有凹凸不平的图案，主要目的是帮助中间齿断屑。中心齿没有这种图案是由于中心齿切除材料量少，同时中心齿旋转过程中会挤裂、压碎切屑。

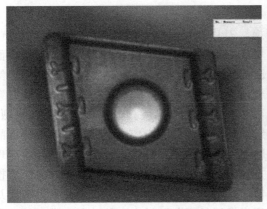

图 5.9　中间齿磨损

如图 5.10 所示，观察边齿的磨损，除了刀齿磨损带有逐渐变化的趋势外，还在磨损带处发现了黏附在刀片上的积屑瘤。主要原因是切削对边齿前刀面接触处的摩擦，使后者十分洁净。当两者的接触面达到一定温度，同时挤压力有较高时，会产生黏结现象，即一般所说的"冷焊"。这时切屑从黏结在刀面的底层上流过，形成"内摩擦"。如果温度和压力适当，底层上面的金属因内摩擦而变形，也会发生加工硬化，而被阻滞在底层，黏结成一体，这样黏结层就逐渐长大，直到该处的温度与压力不足以造成黏附为止。边齿切削的速度造成的压力和温度正好适合积屑瘤的生长环境。积屑瘤的产生会造成加工表面粗糙度增大和刀具耐用度的降低，可以通过改善润滑性能，减小刀面与工件的摩擦，降低加工硬化趋向来消除积屑瘤。

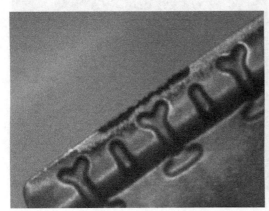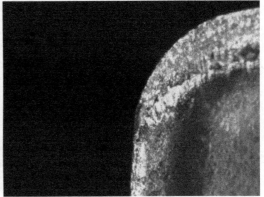

图 5.10　边齿积屑瘤和磨损

如图 5.11 所示是导向块的磨损。从图中可以发现导向块表面发黑，出现麻点，局部光亮出现反光的痕迹。另外，充分利用边齿的边刃进行切削，对导向条进行滞后性设计，可减小导向条的挤压；同时，延长导向条的寿命。当导向块转角处严重磨损，孔径的表面粗糙度较大，以致切屑容易黏结和滞留在导向块和孔壁之间，削弱了导向块的正确导向和定位，从而在切削力不平衡的干扰下钻杆呈周期性扭动而出现螺旋形。

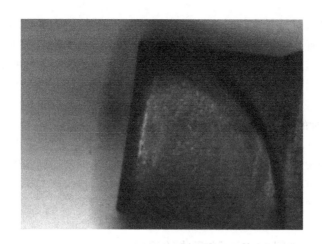

图 5.11　导向块的磨损

如图 5.12 所示，可以发现，涂层刀片上表面的内侧出现发黑、压溃和崩裂的现象，同时刀片下表面出现明显的发黑和涂层脱落的现象，主要原因是在切削过程中刀具受到高温、高压的作用；同时，在切削过程中，有振动使刀片表面局部受力过大造成的。

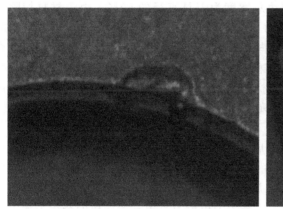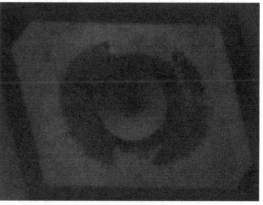

图 5.12　刀片的压溃破损和接触面的涂层刀具

为减小刀具的磨损可以采用以下措施：①刀具外齿副切削刃及导向块的表面粗糙度应低于钻孔粗糙度为 2～3 级，最好采用油石磨光副刃及过渡刃；②选用适当的切削液及有效的冷却方式，选用冷却效果好、抗黏结性能强的深孔切削液，并保证供给充足的切削液，使得排屑顺利，散热快；③导向块应采用耐磨、抗黏性好的硬质合金材料，以减小切屑的黏附。

5.3　刀具设计

在深孔刀具设计过程中考虑的主要因素有如下。刀具的排屑方式，根据内、外排屑实体钻在力学性能、刀具与钻杆连接方式等方面的对比权衡，可以选取单管内排屑结构为基本型。在此基础上进行可各种改进。导向块的布置方式,可以采用单边刃加两块导向块的传统头部造型。对于出屑口的设置,可以采用双出屑口结构,有利于刀具的稳定切削和采用机夹结构。对于排屑通道和供油通道的设计,应加大排屑通道截面面积,特别是刀具喉部的通屑面积,同时调整供油面积与排屑通道面积的比例,不降低刀具系统力学性能,增大排屑面积。

单齿钻的排屑口张角一般取135°左右。错齿钻第一排屑口的张角约为100°,第二排屑口的面积相当于张角70°时的面积;两者相加,其总排屑断面约为单出屑口刀具的 $170/135 \approx 1.26$ 倍,即相对增大约 1/4,排屑条件有明显可见的变化。错齿钻在功能上发生的一些重要变化有:排屑通道面积增大,各段切屑减少了互相干扰,各个钻齿的切削条件得到改善,使整个刀具和导向块受力情况更加合理;主要的难点是刀具设计和制造难度大为增加,引发了内排屑深孔刀具的专业化和现代化生产。

5.3.1 导向块、辅助导向块和防振块的设计

5.3.1.1 导向块的设计

导向块的设计参数主要包括:两导向块的相对位置,导向块的宽度、长度、结构形式,前后倒锥角度和导向块材料。对于导向块位置的一般确定原则是:第一导向块分布在距离主切削刃逆时针旋转 85°±5° 的范围内;第二导向块分布在距离主切削刃逆时针旋转 183°±5° 的范围内。选择导向块宽度时,要使两导向块总宽度为刀具直径的 50%。由于材料切除量的不同,导致第一导向块受力为第二导向块的 2.5~4 倍,造成了第二导向块的过快磨损。为了使两导向块的磨损寿命接近,可取第一导向块的宽度大于第二导向块,在设计上更为合理。但实际上是通过采用耐磨性更好的材料作第一导向块来解决这个问题的,主要原因是为了减少刀片的规格并方便制造刀体。加工钢材时一般选用 YT5、YT15,加工铸铁时选用 YG6 或 YG8 作为导向块材料。在采用涂层或陶瓷刀片切削时,导向块要相应地提高硬度,可与切削刃采用相同的涂层刀片或陶瓷刀片。

第一导向块棱角处相对于外齿拐角点的滞后量为 $(3~5)f$,第二导向块应与第一导向块保持齐平或稍有滞后。滞后量过大会加大孔的偏斜并使孔径扩大。为避免导向块的过度磨损可以研制带正负锥的导向块,同时注意 180° 方向的导向块磨损,均比 90° 的导向块磨损严重。单齿刀具加工粗糙度则会小于错齿刀具。这是因为单齿刀具第一导向块的挤压力大于错齿钻第一导向块;错齿刀具的加工精度略高于单齿钻,适用于一般深孔的加工。即使单齿刀具挤光效果好,也不应作为精加工刀具来使用。挤压力大,导向块的磨损更快,会降低刀具寿命。在大多数实验中,加工孔路程越长,导向块的磨损和破损越大。当导向块因加工不当做成了正锥(前小后大)时,磨损首先发生在导向块的尾部。

如图 5.13 所示,导向块的切入端应磨出 0.5×20° 的切入角,倒角的粗糙度 $Ra \leqslant 0.4\mu m$,这对导向块的平稳进入工件孔壁影响很大,切出角为 0.5×30°;导向块外圆弧面的粗糙度 $Ra \leqslant 0.4\mu m$,有利于减小摩擦和转矩,以及提高导向块的挤光作用;导向块的长度取为刀具直径的 0.5~1 倍。刀具直径越大,导向块的相对长度取值越小;导向块的高度 h 由嵌入刀体槽中的部分 h_1 和外露部分的高度 h_2 两部分组成。刀具直径大小决定 h_1,供油间隙大小决定 h_2。

焊接式导向块目前均采用矩形断面的条状硬质合金坯,焊入刀体并经刃磨后其外缘变成圆弧形;也有的采用梯形断面的,如图 5.14 所示。

机夹式导向块由导向块和导向块座连接而成。导向块仍采用矩形导向块坯,导向块座可采用如图 5.14 所示的带槽矩形体,或采用底部为圆弧的导向块座。

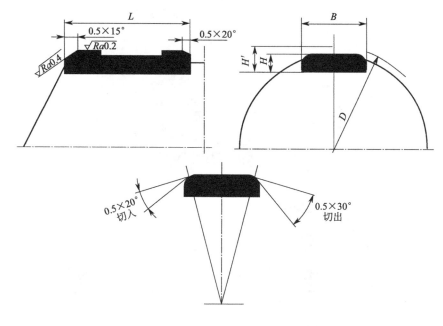

图 5.13　导向块各参数

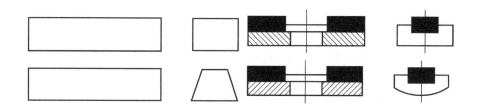

图 5.14　导向块的结构

5.3.1.2　辅助导向块和防振条

在倾斜钻入、加工交叉孔或用扩孔钻加工刀具有长加工深度的大直径孔时，应使用辅助导向块 [图 5.15(a)]。辅助导向块可通过平衡刀具和钻杆的重量来改善孔轴心偏斜量。当以小的径向切深进行扩孔钻削时，辅助导向块可以显著减小孔轴心偏斜。辅助导向块一般设在与外刃前刀面成 240°左右的位置，其前端应滞后于第二导条。辅助导向块滞后的优点是：导向块与切削刃（当使用多刃切削时，按最后的切削刃为准）按同一直径尺寸制造，不受预钻底孔加工精度和表面粗糙度的影响，因而对底孔的圆度和局部弯曲有修正、挤光作用。

如图 5.15(b) 所示为 BTA 刀具的防振条，在刀具圆周方向呈 120°分布。采用单切刃时，这种钻头的每米轴心偏斜量可控制在 0.1mm 以内，刀具一般采取外供油、前排屑方式。防振条一般采用尼龙（聚酰胺）、有机玻璃、酚醛树脂、夹布胶木等非金属耐磨材料，经切削加工后用螺钉镶入刀体槽中，再按孔径公差带的中间值磨成圆柱面，以减小刀具在入口处的振动，同时增加固定导向块与工件孔壁的接触面积，进一步改善刀具的导向能力，实现减小孔轴心偏斜的目的。在加工过程中，导向块借助于设在工件切入端的导向套先行确定刀具的前进方向，当导向块随切削刃进入已加工孔后，刀具开始自导向。

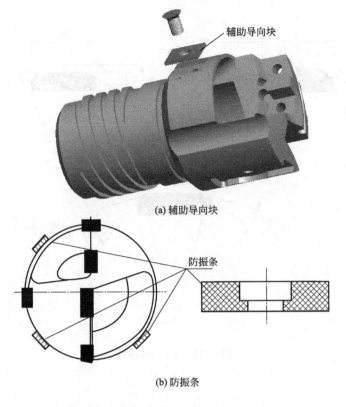

(a) 辅助导向块

(b) 防振条

图 5.15 辅助导向块和防振条的结构

错齿 BTA 钻比单齿 BTA 钻加工出的孔轴心偏斜量更小。这是由于错齿钻第一导向块受力小于单齿钻的第一导向块，刀具的平衡更好。一般设两块导向块，第一导向块位置角 $\alpha = 84°$，第二导向块位置角 $\beta = 180°$。在特别需要防振的情况下也可以在 276° 处增设第三导向块或者防振条。导向块长度取为刀具直径长度 D 的 1～4 倍（直径越大，取值越小）；导向块宽度 b 取值为 $(0.2～0.3)D$；导向块磨倒锥 1/1000；导向块前锥取值，同切入角 κ_r；导向块前段对切削刃拐点的滞后量为 0.4～1mm。导向块的表面粗糙度 Ra 的值小于 $0.1\mu m$。

5.3.2 切削液加速器和可调整直径设计

如图 5.16 所示为出屑口造型。出屑口为外大内小的圆锥面，其外径为刀具体直径，内径为出屑孔直径。其半锥角越小，切屑越不易阻塞，但半锥角很小时，加工难度会增大。一般取半锥角为 20°～30° 的喇叭口锥面为最佳。

导向块设计为可转位双刃支撑结构，通过直径调整垫片，实现一定范围内不同直径深孔的加工，如图 5.17 所示。主要步骤如下。①拆下两端的导向块。② 检查导向块座是否有毛刺或脏污，选择适合于导向块的刀垫，每个刀具需要两副刀垫。③将刀垫放在相应导向块下，并拧紧锁定螺钉。④应先安装与周边刀片相对的导向块，将此导向块安装在靠上的位置以便能够检测刀具直径。另一个导向块仅有一个固定的位置，不能进行测量操作。⑤如果需要进一步调整直径，可通过刀卡设置螺钉来轻松地调整周边刀片的位置。慢慢拧紧刀卡夹紧螺钉。当所有调整或更换刀垫完成后，应重复检查刀具直径。⑥用千分尺来检查刀具直径。⑦重新将与周边刀片相对的导向块调整至其低位，然后拧紧锁定螺钉。

通过千分尺，可以方便地对刀具直径进行预先设置，从而扩大了刀具的加工范围，同时

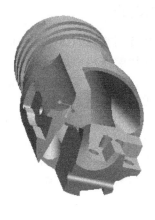

图 5.16 出屑口造型

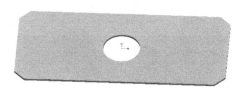

图 5.17 调整垫片和导向块座

减小了加工成本。可调整刀具直径如图 5.18 所示。对于可转位双向导向条，可以通过直径调整垫片进行刀具直径的调节。导向条安装在导向座上与导向座形成精密配合，导向座与刀片的配合部位要求十分精密，包括导向座的内侧壁和内底座部位，这些部位必须有很好的平面度，保证其与刀片接触时能有完整全面的贴合。之所以要求这么高的精度，是因为导向块在切削过程中要平衡大部分切削力，主要依靠面与面间的接触以减少局部在传递切削力过程中造成的应力集中。

图 5.18 可调整刀具直径

5.3.3　刀体的设计

从排屑需要角度而言，刀体的孔径应该是越大越好。但刀体孔径过大，则连接部分的壁厚就会变薄，进而影响连接部位的强度，应选用强度更大的刀体材质。刀具的刀体应为高强度钢并调制处理，根据刀具直径的大小错齿布置三块刀片，由沉头螺钉压紧在刀块的刀片槽内。耐磨损刀体采用淬硬钢处理制造，一般用 45 调质钢刀体，取刀体排屑孔直径为刀具直径的一半为最佳。采用 40Cr（调质）、40MnVB（调质）为刀体材料，强度可增加 2/3 左右；如采用高强度钢 30CrMnSi（调质），强度可比 45 钢增大 80%，这时可以适当增大排屑孔直径。但过多地依靠提高材质强度，将导致刀具制造成本加大。最好先进行强度计算，选择最经济合理的刀体材料。刀头和刀体如图 5.19 所示。

图 5.19　刀头和刀体

在加工中，最重要的一点是能否获得满意的断屑。过长或过大的切屑会使切屑堵塞排屑口。一个适当的切屑尺寸应该是长宽相当。同时，除非必需，也不应该过分断屑，因为断屑将消耗能量并产生大量的热量，从而会使切削刃的磨损加剧。切屑的长度是其宽度 3~4 倍时属可接受范围，这样的切屑能够无阻碍地通过排屑管钻杆。工件材料、断屑槽形、切削速度、进给量及切削液的选择都会影响切屑的形成。

刀体采用双头方牙螺纹形式连接。一般刀具与钻杆连接有三种形式：焊接钻杆型、单出屑口螺纹连接钻杆型和错齿结构的螺纹连接型。$\phi11mm$ 以下采用对焊方法，强度比枪钻大，工艺难度比枪钻小。焊接钻杆式的刚度和强度均高于螺纹连接，适合大进给量或加工精度、粗糙度要求特别高的钻孔，但是刀具一旦发生损坏，焊接钻杆式不易更换，造成刀具和钻杆的整体报废，不利于加工和降低成本。$\phi11mm$ 以上时采用方牙螺纹连接，超长钻杆可对接加长。采用双头方牙螺纹的优点是能快速与钻杆结合和拆卸；保证刀具与钻杆安装后和加工过程中能保持严格的同轴度；在刀具正常受力条件下，连接部不会因承受转矩而剪断，不会因受轴向推力而发生塑性变形。

尾部没有螺纹的圆柱面经过磨削加工，圆柱面外圆的轴心与刀具中心线有很高的同轴度，这是因为尾部圆柱面会和钻杆的内部形成精密的配合，对于刀具在安装时，起到定位和精确导向作用。

5.4 钻杆的承载能力

钻杆的承载能力是钻杆与工件之间复杂的力学特性关系。当外力作用于钻杆时，钻杆内部会出现应力或应变。一方面，对于特定的钻杆材料来说，其本身的物理属性决定了它所能承受的应力范围，这一限度称为钻杆强度，超出这个强度，钻杆内部会出现裂纹；另一方面，对于特定的钻杆结构来讲，应力的作用效果会使钻杆内部结构单元发生相应的滑移、错位和扭曲等变形；同样，钻杆变形也有个限度，这个限度称为刚度。超出这个刚度时，钻杆会发生弯曲、断裂；当钻杆的变形超过一定限度时，会使钻杆总体几何构造及整个承载体系发生单向不可逆转的变化，这其中既有钻杆结构变形，又有钻杆应力变化方面的复合型、整体式变化的限度，统称为钻杆系统的稳定性。钻杆的承载能力是钻杆内在材质结构与外在载荷的统一。通过钻杆本身的结构化方式，钻杆受到的外载荷分配到钻杆内部微观结构单元，表现为应力及应变；同样，深孔钻杆在外力作用下，其微观的应变、强度或刚度，通过结构本身的系统化逻辑，表现为宏观结构的形变和承载能力，即钻杆的强度和刚度等相关属性。

根据在坐标系钻杆涡动运动与钻杆旋转运动存在的关系和有限长钻杆的边界条件，对压力分布积分，可获得切削液流体力 F_i 的表达式：

$$F_i = \frac{\mu l^3}{2r_0}\left(f_{1\varphi}\omega_0 - f_{2\varphi}\frac{\mathrm{d}\phi}{\mathrm{d}t} + f_{3\varphi}\frac{\mathrm{d}\varepsilon}{\mathrm{d}t}\right) + r_0 l p_{\mathrm{in}}(\varphi - \phi) \tag{5.28}$$

$$f_{1\varphi} = \left[\frac{3(2+\varepsilon\sin\phi+\varepsilon\cos\varphi)}{(1+\varepsilon\cos\varphi)(1+\varepsilon\cos\phi)} - 2\lambda\right]\frac{\varepsilon(\cos\phi-\cos\varphi)}{6\lambda^2(1+\varepsilon\cos\varphi)(1+\varepsilon\cos\phi)} + \frac{1}{2}\ln\frac{1+\varepsilon\cos\varphi}{1+\varepsilon\cos\phi}$$

$$f_{2\varphi} = \frac{\varepsilon(\cos\phi-\cos\varphi)(2+\varepsilon\cos\phi+\cos\varphi)}{\lambda^2(1+\varepsilon\cos\varphi)^2(1+\varepsilon\cos\phi)^2} + \frac{\varepsilon(\cos\phi-\cos\varphi)}{3(1+\varepsilon\cos\varphi)(1+\varepsilon\cos\phi)}$$

$$+ \frac{1}{2\lambda}\left[\frac{1+2\varepsilon\cos\varphi}{(1+\varepsilon\cos\varphi)^2} - \frac{1+2\varepsilon\cos\phi}{(1+\varepsilon\cos\phi)^2}\right] + \frac{1}{2}\ln\frac{1+\varepsilon\cos\varphi}{1+\varepsilon\cos\phi}$$

$$f_{3\varphi} = -\left\{\frac{1}{\lambda^2(1-\varepsilon^2)^2}\left[\frac{\varepsilon^2+2+(1+2\varepsilon^2)\cos\varphi}{(1+\varepsilon\cos\varphi)^2}\sin\varphi - \frac{\varepsilon^2+2+(1+2\varepsilon^2)\cos\phi}{(1+\varepsilon\cos\phi)^2}\sin\phi\right]\right\}$$

$$+ \frac{\varepsilon}{2\lambda(1-\varepsilon^2)^2}\left[\frac{(\varepsilon+\cos\varphi)\sin\varphi}{(1+\varepsilon\cos\varphi)^2} - \frac{(\varepsilon+\cos\phi)\sin\phi}{(1+\varepsilon\cos\phi)^2}\right] + \frac{1}{3}\left(\frac{\sin\varphi}{1+\varepsilon\cos\varphi} - \frac{\sin\phi}{1+\varepsilon\cos\phi}\right)$$

$$+ \frac{\varepsilon^2\lambda(1-\varepsilon^2)+6\varepsilon^2-\lambda^2(1-\varepsilon^2)^2}{2\varepsilon\lambda^2(1-\varepsilon^2)^{5/2}}\left(\arcsin\frac{\varepsilon+\cos\varphi}{1+\varepsilon\cos\varphi} - \arccos\frac{\varepsilon+\cos\phi}{1+\varepsilon\cos\phi}\right) - \frac{1}{2\varepsilon}(\varphi-\phi)$$

式中，$f_{1\varphi}$ 为切削液流体惯性旋转效应造成的旋转收敛系数；$f_{2\varphi}$ 为切削液流体涡动效应造成的涡动运动系数；$f_{3\varphi}$ 为切削液流体的弹性挤压效应造成的弹性挤压系数；p_{in} 为切削液入口压力。

式(5.28)取 $\varphi_i = \pi$，得到切削液流体力的线性动态 π 角解析表达式：

$$F_\pi = \frac{\mu l^3}{2r_0}\left(f_{1\pi}\omega_0 - f_{2\pi}\frac{\mathrm{d}\phi}{\mathrm{d}t} + f_{3\pi}\frac{\mathrm{d}\varepsilon}{\mathrm{d}t}\right) + \pi r_0 l p_{\mathrm{in}} \tag{5.29}$$

$$W = -\frac{F_\pi}{DL} = \mu\left(\frac{L}{D}\right)^2\left(f_{1\pi}\omega_0 - f_{2\pi}\frac{\mathrm{d}\phi}{\mathrm{d}t} + f_{3\pi}\frac{\mathrm{d}\varepsilon}{\mathrm{d}t}\right) + \frac{\pi}{2}p_{\mathrm{in}} \tag{5.30}$$

$$f_{1\pi} = \frac{2\varepsilon}{\lambda^2(1-\varepsilon^2)^2} - \frac{2\varepsilon}{3\lambda(1-\varepsilon^2)} + \frac{1}{2}\ln\frac{1-\varepsilon}{1+\varepsilon}$$

$$f_{2\pi} = \frac{4\varepsilon}{\lambda^2(1-\varepsilon)^2} + \frac{2\varepsilon}{3(1-\varepsilon^2)} - \frac{2\varepsilon^3}{\lambda(1-\varepsilon^2)^2} + \frac{1}{2}\ln\frac{1-\varepsilon}{1+\varepsilon}$$

$$f_{3\pi} = \frac{\varepsilon\pi}{2\lambda(1-\varepsilon^2)^{3/2}} + \frac{3\varepsilon\pi}{\lambda^2(1-\varepsilon^2)^{5/2}} + \frac{\pi}{2\varepsilon}\left[1 - \frac{1}{(1-\varepsilon^2)^{1/2}}\right]$$

这里 $f_{1\pi}$、$f_{2\pi}$ 和 $f_{3\pi}$ 分别为 π 角油液力作用下，钻杆与孔壁间切削液流体的动力特性系数；W 为切削液流体的承载能力；可见影响切削液流体承载能力的参数有钻杆旋转速度 ω_0、钻杆涡动角速度 $\mathrm{d}\phi/\mathrm{d}t$、挤压速度 $\mathrm{d}\varepsilon/\mathrm{d}t$ 和钻杆运行的长径比 L/D、偏心率 ε、间隙比 λ、黏度系数 μ 和切削液入口压力 p_{in}。

钻杆的承载能力可用下式表达：

$$W_i = \frac{F_i}{DL} = \mu\left(\frac{L}{D}\right)^2\left(f_{1\varphi}\omega_0 - f_{2\varphi}\frac{\mathrm{d}\phi}{\mathrm{d}t} + f_{3\varphi}\frac{\mathrm{d}\varepsilon}{\mathrm{d}t}\right) + \frac{1}{2}p_a(\varphi - \phi) \tag{5.31}$$

因流体楔效应引起的油膜作用力，其作用力大小主要取决于以下因素：①楔形体与深孔内壁的间隙；②楔形体与深孔工件之间的相对运动线速度；③切削液的黏度。

π 角油液力压力分布的特性分析：假设钻杆运行最大间隙 $c = R + e - r_0$ 处的角度为零（$\varphi = 0$），相应的钻杆运行最小间隙 $c' = r_0 - e$ 处的角度为 π，钻杆扰动速度为 0。

如图 5.20 (a)、(b) 所示为偏心率 0.5 时，长径比为 1 和 5 时的切削液力分布情况；切削液压力在某一段逐渐增大到最大值，之后急剧下降，然后在某一区域压降为零，即切削液压力上升的压力梯度，远小于其下降的压力梯度；当钻杆进入切削液流体的长径比增大时，钻杆切削液压力最大值也随之升高，切削液压力沿周向呈抛物线状分布；轴向压力分布随长径比的增大也发生变化，同时轴向压力分布曲线向两侧扩展，逐渐变宽。

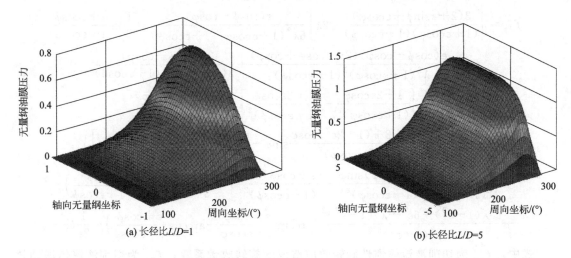

(a) 长径比L/D=1

(b) 长径比L/D=5

图 5.20　不同长径比下钻杆的油膜压力

如图 5.21 所示为在深孔中切油膜压力随钻杆偏位角的变化规律，可以得到 X、Y 方向切削液力随偏位角以 2π 为周期呈正余弦规律变化，切削液合力不随钻杆偏位角的变化而变化。

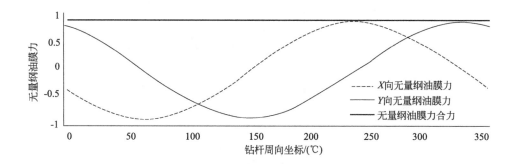

图 5.21　油膜压力随偏位角的变化规律

如图 5.22 所示为钻杆的长径比与切削液流体压力的关系，钻杆切削液流体压力在圆周方向呈抛物线状，且随着钻杆深入到切削液区域长径比 L/D 的增加，抛物线的峰值增大，即长径比 L/D 越大，切削液流体的压力越大；长径比减小，有利于提高钻杆运转的稳定性。

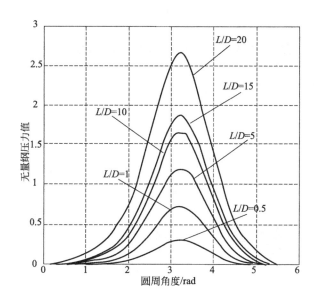

图 5.22　钻杆的长径比与切削液流体压力的关系

如图 5.23 所示为钻杆偏心率 ε 与切削液流体压力的分布规律；随钻杆偏心率 ε 的增大，切削液流体力分布逐渐增大，即钻杆偏心率越大切削液流体力越大，并且压力分布的极值角更趋近于 π。切削液流体力在大偏心率的情况下，较小偏心率情况流体压力变化梯度更大，说明大偏心率情况下切削液流体力的变化更加剧烈。

如图 5.24 所示为不同钻杆孔壁间隙对切削液流体力的影响规律，随着钻杆孔壁间隙的减小切削液流体的压力梯度在不断增大，同时其承载能力也不断变强；反之随着钻杆与孔壁

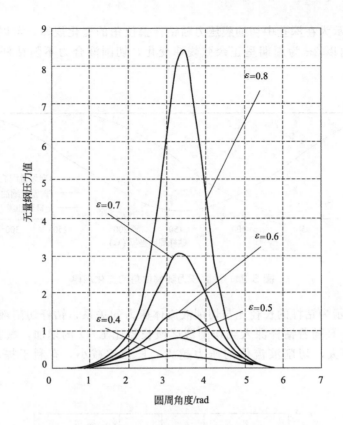

图 5.23 钻杆偏心率与切削液流体压力的分布规律

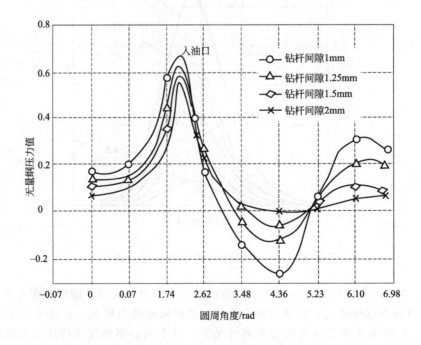

图 5.24 钻杆孔壁间隙对切削液压力的影响规律

间隙的增大,切削液流体力不断变小,当间隙增大对压力梯度是迅速减小时,钻杆的承载能力急剧下降；当钻杆孔壁间隙太小时，虽然切削液的压力梯度很大，钻杆承载能力变强。但是，对钻杆来说有很大的破坏性。如果钻杆反作用给流体的压力不足时，即流体提供的压力大于钻杆对切削液的压力时，就容易产生钻杆的涡动或者切削液的振荡；当钻杆孔壁间隙太大时，切削液流体的压力梯度很小，切削液流体的承载能力变弱，易造成旋转钻杆的不稳定；在钻杆运行过程中，间隙大小对钻杆稳定性有显著影响，一般对于直径为 $\phi 20\mathrm{mm}$ 的深孔，以间隙为 1.5mm 左右为佳。

如图 5.25 所示，在深孔加工过程中，深孔钻杆与孔壁间隙越小，切削液的压力梯度越大，切削液的承载能力越大。但是，过小的间隙会有可能造成切削液的振荡同时影响系统冷却润滑的效果；间隙增大，切削液压力梯度迅速减小。但是，钻杆的承载能力也急剧下降。

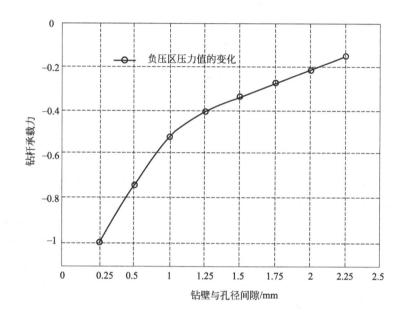

图 5.25 承载力与钻杆孔壁间隙的关系

5.5 切削液流体动压润滑作用下的 BTA 深孔刀具结构

5.5.1 动压润滑的形成原理

流体动压润滑是借助相对运动产生的黏性流体切削液油膜将摩擦表面完全隔开，其润滑机理如下。

如图 5.26(a) 所示 A、B 两平板，板间距离为 h_0，且充满具有一定黏度的切削液。若 B 板固定不动，A 板以速度 v 沿 x 方向运动，由于切削液的黏性及它与板的吸附性，则切削液各层的流速呈线性分布。因油层间受剪切作用，故称为剪切流。此时通过各垂直于平板截面的流量均相等。当 A 板竖直受载时，平板将下沉，润滑油由左、右两端被挤出，不能形成承载动压。

当两平板相互倾斜呈楔形收敛间隙时，楔形小端距离为 h_1，大端距离为 h_2，A 板以速度 v 从间隙较大的一方向间隙较小的一方运动 ［图 5.26(b)］。若两端各流层的速度如图中

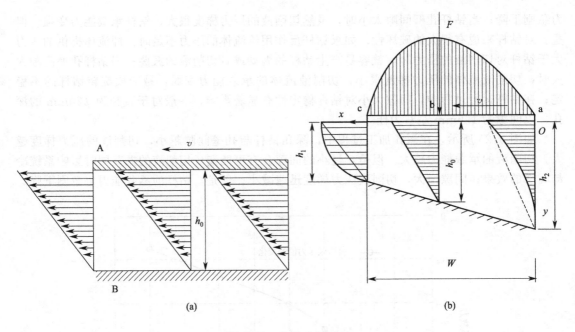

图 5.26　流体动压原理

虚线三角形分布，则流入间隙的流量必大于流出间隙的流量。但流体是不可压缩的，沿 Z 方向不可能流动，则进入楔形间隙的过剩油量只能由进口 a 和出口 c 被挤压出去，即产生因压力而引起的流动，称为压力流。这时楔形收敛间隙中油层流动的速度为剪切流与压力流的叠加，则进口油的速度为内凹形曲线，出口为外凸形。此油流形成液体压力可与外载荷 F 平衡，这种黏性流体流入收敛间隙而产生压力的现象称为流体动压润滑的楔效应。

动压油膜形成必须有三个条件：第一，两工件之间必须形成楔形间隙；第二，两工件之间必须连续充满液体；第三，两工件表面必须有相对滑动速度，其运动方向必须保证液体从大截面流进，从小截面流出。

深孔直线度主动控制系统可将滑动轴承和楔形油膜的原理应用于深孔加工中，如图 5.27 所示。楔形油膜中液体的压力高于非楔形部分液体的压力，楔形油膜支撑深孔加工刀具部分，使深孔刀具处于正确的位置，借助油膜的定心作用防止和纠正深孔加工过程中刀具可能出现的偏斜。

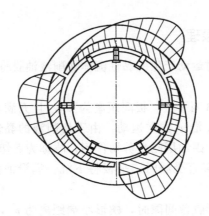

图 5.27　楔形体与深孔不同轴时切削液周向压力分布

如图 5.28 所示为新型深孔加工刀具结构，包括切削部分、钻杆部分、凸起部分、可倾瓦块及执行组件等（本节为方便仅对凸起结构进行论述）。凸起部分位于切削部分后部，与通常的深孔加工刀具相比，增加了凸起部分。凸起部分可与切削部分或钻杆部分制作成一体，凸起的数量可以为 3 个。凸起部分的最大尺寸小于深孔的直径，凸起部分与已加工内孔孔壁形成收敛的间隙，间隙的结构形式不是圆环形，间隙尺寸先由大变小，然后很快恢复到最大间隙尺寸。当液体流过从大到小的间隙时将形成动压油膜或动压油层，收敛的间隙所对应部分的液体压力将增加，对孔加工刀具产生一个作用力。凸起部分与已加工内孔之间形成 3 个收敛的间隙，各个收敛间隙都将对孔加工刀具产生一个作用力。当收敛间隙的数量和位置分布合适时，孔加工刀具也不容易偏离正确的位置。

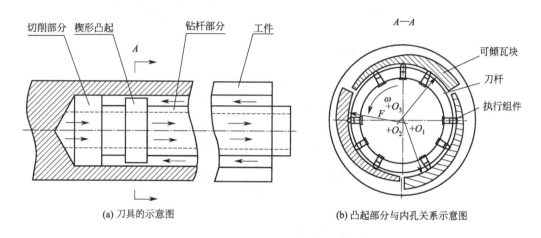

(a) 刀具的示意图　　　　　　　　　　(b) 凸起部分与内孔关系示意图

图 5.28　新型深孔加工刀具结构

5.5.2　楔形结构与油膜压力

如图 5.29(a) 所示为楔形体结构，楔形体上的三段圆弧 1、2、3 对应于 3 个楔形油膜。将油膜命名为油膜 1、油膜 2、油膜 3；O 是楔形体的中心，O' 是深孔的中心。在理想状态下，$e = O'O = 0$，但有时 $e = O'O \neq 0$。O' 是极坐标系的原点，极轴竖直向上。在图 5.29(b) 中，θ_0 是极轴与 $O'O$ 的夹角，O_1 是楔形体上圆弧 1 的圆心。O_2、O_3 分别是圆弧 2、3 的圆心；$e_1 = O'O_1$，$e_2 = O'O_2$，$e_3 = O'O_3$。为了简化图形，便于理解，图 5.29 (a) 中仅显示 $O'O_1$。ε 是中心距，$\varepsilon = OO_1 = OO_2 = OO_3$。$\varphi_1$ 是极轴与 $O'O_1$ 的夹角；φ_2 是极轴与 $O'O_2$ 的夹角；φ_3 是极轴与 $O'O_3$ 的夹角。为了简化图形，便于理解，图 5.29 (a) 中仅显示 φ_1。R 是深孔的半径，r 是楔形体圆弧的半径，δ 是半径间隙，$\delta = R - r$。

在图 5.29(b) 中，圆弧 1 从 $\beta_{11} \sim \beta_{12}$；圆弧 2 从 $\beta_{21} \sim \beta_{22}$；圆弧 3 从 $\beta_{31} \sim \beta_{32}$ 或为了简化图形，便于理解，图 5.29(b) 中仅显示 β_{11} 到 β_{12}。

在图 5.29(a) 中，对于圆弧 1，h_1 是对应于 φ 的油膜厚度。在图 5.29(c) 中，h_{11} 是最小油膜厚度；h_{12} 是最大油膜厚度；h_{10} 是对应于最大压力 $p_{1\max}$ 处的油膜厚度。φ_{10} 是对应于最大压力处的角度。最大压力出现在点 M 处。

同样，对于圆弧 2、圆弧 3 与圆弧 1 类似。

如图 5.29(a) 所示，在三角形 $\triangle NO_1O'$ 中：

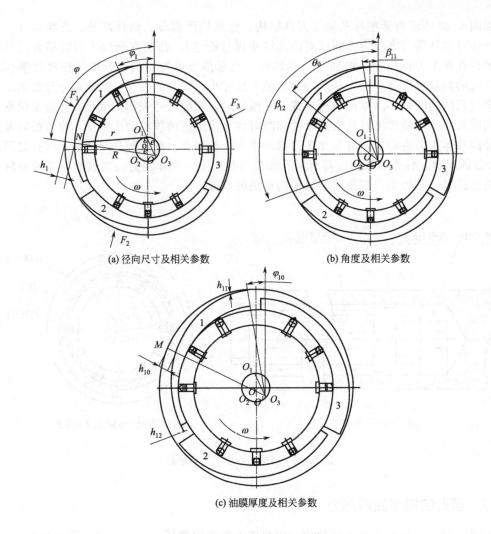

(a) 径向尺寸及相关参数　　　　　　(b) 角度及相关参数

(c) 油膜厚度及相关参数

图 5.29　楔形体结构与油膜

$$\begin{cases} h_1 = \delta - e_1\cos(\varphi - \varphi_1) & (0° \leqslant \varphi \leqslant 120°) \\ h_2 = \delta - e_2\cos(\varphi - \varphi_2) & (120° \leqslant \varphi \leqslant 240°) \\ h_3 = \delta - e_3\cos(\varphi - \varphi_3) & (240° \leqslant \varphi \leqslant 360°) \end{cases} \tag{5.32}$$

设 p_1 是油膜 1 内的液体压力，$p_{1\varphi}$ 是油膜 1 内对应于角度 φ 的油膜压力。$p_{1\varphi(O'O)}$ 是 $p_{1\varphi}$ 在 $O'O$ 上的投影。油膜 1 作用于楔形体，其合力为 $\boldsymbol{F}_1$，$F_{1(O'O)}$ 是 $\boldsymbol{F}_1$ 在 $O'O$ 上的投影。

同样，可以针对圆弧 2、圆弧 3，也与圆弧 1 类似。

在理想状态下，楔形体与深孔同轴，$e = O'O = 0 \displaystyle\sum_{i=1}^{3} \boldsymbol{F}_i = \sum \boldsymbol{F}_1 + \boldsymbol{F}_2 + \boldsymbol{F}_3 = \boldsymbol{0}$。

这时，$|\boldsymbol{F}_1| = |\boldsymbol{F}_2| = |\boldsymbol{F}_3|$，且 $|F_{1(OM)}| = |F_{2(OM)}| = |F_{3(OM)}|$。

尽管 $\displaystyle\sum_{i=1}^{3} \boldsymbol{F}_i = 0$，但是每个油膜的作用力不为零，因此，三个油膜定位和支撑楔形体，犹如三爪卡盘夹住工件。

可倾瓦块的宽度 B 见图 5.30。图 5.30 还显示了切削液沿楔形体轴向压力分布，呈抛物线形状。深孔刀具相对于工件旋转，ω 是相对旋转速度，η 是切削液的动力黏度。

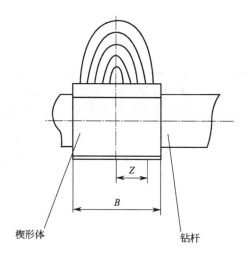

楔形体　　　　　　　钻杆

图 5.30　切削液沿楔形体轴向压力分布

第6章

BTA深孔钻杆振动磁流变液抑制技术

BTA深孔加工的直线度误差和深孔钻杆振动密切相关，深孔加工过程中钻杆自身运动可以分解为钻杆的轴向进给运动、周向旋转运动、径向挤压运动，而钻杆与切削液相互作用产生了切削液流体的旋转效应、涡动效应及挤压效应，进而反作用于钻杆，影响深孔钻杆的稳定性，增大了深孔加工的直线度误差。为了防止钻杆在深孔加工过程中非线性扰动力作用下产生破坏性失稳，可向BTA钻杆系统引入附加阻尼。在分析钻杆的运动特性时，除了要考虑钻杆自身的刚度和阻尼外，同时还要考虑切削液流体的动刚度和阻尼，切削液流体的动刚度要小于钻杆支撑刚度，而切削液流体的阻尼则远大于钻杆支撑系统的其它阻尼。

6.1 BTA深孔钻杆系统的振动

由于深孔加工环境和加工结构比较复杂，这就决定了BTA深孔钻杆动力学行为的复杂，就钻杆系统的振动而言，不仅有横向振动和纵向振动，还同时存在扭转振动，这些振动对钻孔质量起着决定性作用。在研究钻杆系统的运动学行为时，不可避免地要对这些振动形式进行研究，任何振动形式的产生原因不外乎自由振动、强迫振动、自激振动这三种，分析出振动机理以此作为钻杆系统的涡动行为可获得更多的理论支持。

6.1.1 钻杆横向振动

从钻杆失效统计可知，横向偏心振动产生的危害要比其他振动大得多。钻杆的横向振动直接影响孔的直线度、粗糙度以及同轴度等形位误差。因此，横向振动是深孔加工中比较关键的因素。如图6.1所示为钻杆偏心产生横向偏心振动示意。

钻杆横向振动是指钻杆中心偏移轴线所产生的运动，旋转钻杆横向振动更是一个环境复杂的自激振动。钻杆钻进时可视为两端铰支的转子一样，也像琴弦，因此也叫作弦振。横向

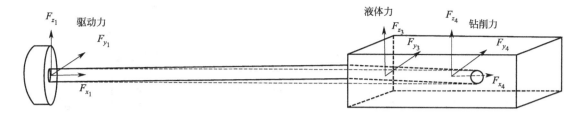

图 6.1 钻杆偏心产生横向偏心振动示意

偏心振动会引起钻杆破坏和失效，继而发展到钻头失效，最终导致加工失效。如图 6.2 所示是钻杆横向偏心振动的微分单元模型。

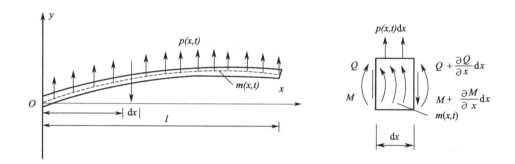

图 6.2 钻杆横向偏心振动微分单元模型

可以得出钻杆系统的横向振动微分方程式：

$$EI\frac{\partial^4 y}{\partial x^4}+\rho A\frac{\partial^2 y}{\partial t^2}=p(x,t)-\frac{\partial}{\partial x}m(x,t) \tag{6.1}$$

式中，$y(x,t)$ 为钻杆上距离钻尾端铰点 x 处的截面在时刻 t 的横向位移；$p(x,t)$ 为单位长度钻杆上分布的外应力；$m(x,t)$ 为单位钻杆上分布的外力矩；E 为材料弹性模量；ρ 为单位体积钻杆的质量；A 为钻杆横截面积，I 为截面对中性轴的惯性矩；Q 和 M 分别为钻杆截面上的剪力和弯矩。

6.1.2 钻杆纵向振动

深孔钻杆的纵向振动是指钻杆类似弹簧一样的微元体能来回收缩振动，钻头端的能量以弹性波传给驱动端，然后再返回来。在传播过程中，由于切削液和其他因素的阻尼作用，以及动态的切削力作用，振动的波形会不断地变化和衰减。

BTA 深孔钻杆纵向振动微元模型如图 6.3 所示。

在钻杆振动中，假设振动中钻杆的横截面积不变且保持平面，不计横向和扭转变形。设钻杆的轴向为 x 轴，$u(x,t)$ 是钻杆上距钻杆尾端铰点处的截面在时刻 t 的轴向位移；$p(x,t)$ 是单位长度杆上分布的钻杆轴向作用力；E 是材料的弹性模量；A 是钻杆的横截面积；N 是截面上的内力，则可得到钻杆纵向振动微分方程式：

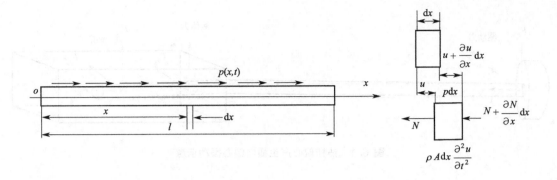

图 6.3　BTA 深孔钻杆纵向振动微元模型

$$\rho A\,\frac{\partial^2 u}{\partial t^2}=\frac{\partial}{\partial x}\Big(EA\,\frac{\partial u}{\partial x}\Big)+p(x,t) \tag{6.2}$$

当钻杆未受到切削力、流体力等外力的作用时，有 $p(x,t)=0$，由式(6.1)则可得到钻杆的纵向自由振动方程式：

$$\rho A\,\frac{\partial^2 u}{\partial t^2}=\frac{\partial}{\partial x}\Big(EA\,\frac{\partial u}{\partial x}\Big) \tag{6.3}$$

6.1.3　钻杆扭转振动

由于钻杆受到驱动源对其驱动转动的作用，导致钻削时，工件对钻杆有抗扭作用，因此钻杆必然产生扭转振动。扭转振动类似时钟摆轮一样左右反复扭动，故又叫作弹簧摆振。当 BTA 深孔钻杆发生扭转振动时，过大的扭转力会在短时间内损坏钻杆，因此扭转振动也是一种不能被忽视的钻杆振动。

BTA 钻杆扭转振动微元模型如图 6.4 所示。在整个振动过程中，可认为钻杆截面保持为平面，同样设钻杆的轴向为 x 轴，$\theta(x,t)$ 是钻杆上距钻杆尾端铰点处的截面在时刻 t 的角位移，$p(x,y)$ 是单位长度杆上分布的外力偶矩。

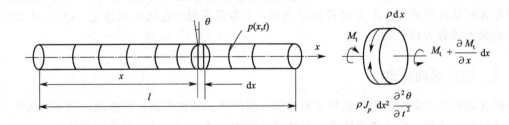

图 6.4　BTA 钻杆扭转振动微元模型

根据有限元模型可得到 BTA 钻杆扭转强迫振动的微分方程：

$$\frac{\partial^2\theta}{\partial t^2}=a^2\,\frac{\partial^2\theta}{\partial x^2}+\frac{1}{\rho J_p}p(x,t) \tag{6.4}$$

式中，J_p 为截面的极惯性矩；常数 $a=\sqrt{G/\rho}$，G 为钻杆的横截面积；ρ 为单位体积杆的质量。

6.2 深孔钻削过程中的再生型颤振

通过采用上述提高机床稳定性的方法可以减少或消除机床的强迫振动，所以需要对切削加工过程中产生的自激振动（颤振）进行研究。在实际加工情况中，会有各种各样的原因引起瞬时切削用量的改变并引发切削力的突变，从而诱发了切削颤振。在切削颤振发生后，一般通过降低金属切除率来避免更严重的颤振产生，从而影响了加工效率。

在实际应用深孔钻削加工这种复杂的加工方式时，总会出现刀具系统的自激振动；而再生颤振作为最主要的自激振动机理，具有十分重要的研究价值。所以，需要对深孔钻削加工中产生的再生颤振进行理论分析并确定其临界条件。

6.2.1 深孔加工过程的动力学模型

深孔加工方式按照运动形式可以分为工件旋转伴随刀具进给、工件静止而刀具旋转伴随进给、工件和刀具相对旋转伴随着刀具进给、刀具不动而工件旋转伴随进给等。以BTA 深孔加工机床系统为例，工件在卡盘带动下做旋转运动，钻杆附带刀具在进给箱的作用下只做进给运动。现对机床系统进行动力学分析，如图 6.5 所示为 BTA 系统的加工示意。

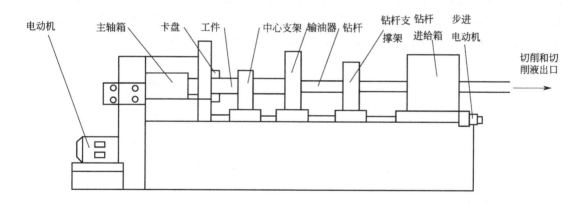

图 6.5 BTA 系统的加工示意

在分析其动力学模型之前，有以下假设。
① 切削厚度 S 动态变化很小。
② 忽略切削液对钻头的冲击作用与压力影响。
③ 忽略切削热的影响，忽略切削液及切屑的重量。
④ 忽略刀具磨损的影响，忽略钻杆与其他部件产生的摩擦力。
根据上述条件，简化加工示意图，得到深孔钻削时的动力学模型，如图 6.6 所示。
根据图 6.6 的动力学模型，可以得出系统的运动微分方程式：

$$\begin{cases} m_x \ddot{x}(t) + c_x \dot{x}(t) + k_x x(t) = -F_x(t) \\ m_y \ddot{x}(t) + c_y \dot{x}(t) + k_y x(t) = -F_y(t) \end{cases} \tag{6.5}$$

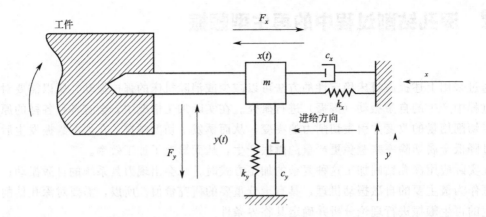

图 6.6　深孔钻削过程的动力学模型

式中，m_x、c_x、k_x、m_y、c_y、k_y 分别是系统 x 和 y 方向的模态质量系数、模态阻尼和模态刚度系数；F_x、F_y 分别为 t 时刻在 x 和 y 方向的动态钻削力。

6.2.2　瞬时动态钻削力的计算

通过微分方程来表征振动系统规律的前提是求出深孔加工系统的瞬时动态切削力。在一般情况下，在深孔加工过程中，已加工过的工件表面还是会被刀具的刀齿再一次接触。刀刃相对于工件的运动轨迹为阿基米德螺旋线，即平稳切削所对应的刀刃轨迹。假设颤振的振幅与频率均保持稳定，将前后两次的切削轨迹进行放大，如图 6.7 所示。

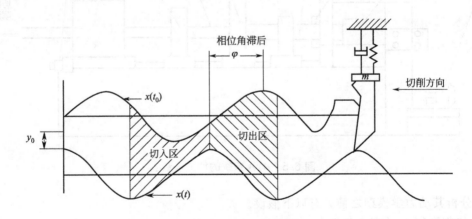

图 6.7　两相邻切削轨迹图

图 6.7 中 $x(t)$ 和 $x(t_0)$ 分别为本次切削轨迹和上次切削轨迹，它们构成了被切削层的下表面与上表面，y_0 是两次加工后轨迹平面铺展后的尺寸，$y(t)$ 是瞬时切削厚度尺寸。

设在 x 方向上某时刻 t 的振动位移为

$$x(t) = x\cos(2\pi\omega t) \tag{6.6}$$

式中，ω 为振动频率。

假设工件的回转周期为 T，则刀具在 x 方向上前一周的切削深度为

$$x(t_0) = x\cos[2\pi\omega(t-T)] = x\cos[2\pi\omega t + \varphi] \tag{6.7}$$

式中，φ 为相邻振动的相位差。

则 t 时刻的切削厚度变化量为

$$y_0 = x(t) - x(t_0) = 2x\sin\left(2\pi\omega t + \frac{\varphi}{2}\right)\sin\frac{\varphi}{2} \tag{6.8}$$

则 t 时刻的动态切削力 $F_d(t)$ 为

$$F_d(t) = k_d b[x(t) - x(t_0)] = 2k_d bx\sin\left(2\pi\omega t + \frac{\varphi}{2}\right)\sin\frac{\varphi}{2} \tag{6.9}$$

切削力在 x 和 y 方向的切削分力为

$$F_x = F_d\cos\beta_0 + F_p\cos\beta_0 \tag{6.10}$$

$$F_y = F_d\sin\beta_0 + F_p\sin\beta_0 \tag{6.11}$$

式中，β_0 为静态切削力和动态切削力之间的夹角；F_0 为静态切削力；$F_0 = k_0 bh$，k_0 为静态切削力系数，b 为切削宽度，h 为切削厚度的平均值；F_p 为切入力，$F_p = \dfrac{x}{v}F_0$，v 为进给速度。

整理式（6.10）和式（6.11）可得

$$F_x = 2k_d bx\sin\left(2\pi\omega t + \frac{\varphi}{2}\right)\sin\frac{\varphi}{2}\cos\beta_0 + k_0 bh\,\frac{\dot{x}}{v}\cos\beta_0 \tag{6.12}$$

$$F_y = 2k_d by\sin\left(2\pi\omega t + \frac{\varphi}{2}\right)\sin\frac{\varphi}{2}\sin\beta_0 + k_0 bh\,\frac{\dot{x}}{v}\sin\beta_0 \tag{6.13}$$

6.2.3　深孔加工中颤振的分析

（1）x 方向的振动分析

将式（6.12）带入式（6.5）第一项中得出深孔钻削加工过程中的运动方程，整理得

$$m_x\ddot{x}(t) + \left(c_x + \frac{k_0 bh}{v}\cos\beta_0\right)\dot{x}(t) + \left[k_x + 2k_d b\cos\beta_0\sin\frac{\varphi}{2}\sin\left(2\pi\omega t + \frac{\varphi}{2}\right)\right]x(t) = 0$$
$$\tag{6.14}$$

分析方程式（6.14）可知，该方程式为一个单自由度自由振动的运动方程，在 x 方向上，其刚度系数与阻尼系数都是由两部分组成：一部分是机床本身的阻尼 c_x 和刚度 k_x；另一部分是由速度反馈引起的切削过程等效阻尼与位移反馈引起的切削过程等效刚度，二者的值正负均有可能。只有总刚度为正值时，切削系统才不会失稳。

若令 $A = 2k_d b\cos\beta_0\sin\dfrac{\varphi}{2}\sin\left(2\pi\omega t + \dfrac{\varphi}{2}\right)$，则

$$\begin{cases} \omega^2 = \dfrac{k_x + A}{m_x} \\[3mm] \xi = \dfrac{c_x + \dfrac{k_0 bh}{v}\cos\beta_0}{2\omega_n m_x} \end{cases} \tag{6.15}$$

由式（6.15）可以得出在 x 方向上振动的临界条件：

$$k_x + A > 0$$

$$c_x + \frac{k_0 bh}{v} \cos\beta_0 = 0 \qquad (6.16)$$

（2） y 方向的振动分析

同理将式(6.13) 带入运动方程式(6.5) 第二项可得

$$m_y \ddot{y}(t) + \left(c_y + \frac{k_0 bh}{v}\sin\beta_0\right)\dot{y}(t) + \left[k_y + 2k_d b\sin\beta_0 \sin\frac{\varphi}{2}\sin\left(2\pi\omega t + \frac{\varphi}{2}\right)\right]y(t) = 0$$

$$(6.17)$$

分析方程式(6.17) 可知：该方程式也是一个单自由度自由振动的运动方程。y 方向上的阻尼和刚度也由两部分组成：一部分是机床本身的阻尼 c_y 和刚度 k_y；另一部分是由再生效应引起的等效阻尼与等效刚度，二者的值也是可正可负。

若令 $B = 2k_d b\sin\beta_0 \sin\frac{\varphi}{2}\sin\left(2\pi\omega t + \frac{\varphi}{2}\right)$，参照分析 x 方向的振动分析方法可得 y 方向上振动的临界条件为

$$\begin{cases} k_y + B > 0 \\ c_y + \dfrac{k_0 bh}{v}\sin\beta_0 = 0 \end{cases} \qquad (6.18)$$

6.3 磁流变液减振器抑制振动技术研究

深孔加工中按照控制执行装置性质可以分为主控控制、被动控制与半主动控制。主动型颤振控制是基于软件分析收集到的金属切削振动控制过程中的信号，对信号进行处理得到工件与刀具之间相对振动与切削力的数值，通过特定的控制策略后输出外部制动器，对刀具振动反方向施加力进行颤振抑制。被动型颤振抑制方法一般有附加阻尼法、改变振动结构法或者安装动力减振吸振装置法等。被动型颤振抑制具有结构简单和工作稳定、可靠的优点。半主动控制是一种特殊的控制系统，这种控制系统内没有安装专用于控制的能源装置。该控制方法结合了主动控制的良好效果和被动控制稳定性高的优点。目前，智能材料的广泛应用使得半主动控制技术有了很好的发展。

磁流变液具有响应速度快，方便控制的特点，可以符合半主动控制对材料的要求，所以在减振器方面应用很广，如汽车的制动阀和土木工程中的减振器等。

6.3.1 磁流变液机理

磁流变液（简称 MRF）是由悬浮物、悬浮剂和添加物组成的混合液体，也是一种广泛应用的新型智能材料。当附加外部磁场时，磁流变液会在毫秒之内完成从液体到固体的转化，其黏度、屈服应力与剪切力也会在毫秒内迅速增大。当外部磁场撤除后，磁流变液又可以马上恢复到液体状态。由于其良好的可控制性，已经被广泛地应用于半主动控制领域，主要使用磁流变液作为减振器的阻尼部件。随着磁流变液技术的快速发展，其还被应用在汽车刹车器、家庭健身器材等诸多领域。

磁流变效应的工作过程如下：当磁流变液没有外加磁场时，微型颗粒在自身的热运动下呈现随机分布，称为自由相；当对磁流变液施加外部磁场后，基础载液内部的微型颗粒会发生磁化现象从而形成磁偶极子，磁偶极子之间会产生较弱的相互作用力，改变随机运动的运动形态，使无序变成规则排列，称为有序相；当外部磁场强度增加到特定值并保持一段时间后，磁偶极子之间以稳定的链状结构相互连接，磁流变效应产生。磁流变效应使磁流变液具有固态特性并附带剪切应力，称为固定相。

此外，微粒在外加磁场的作用下形成"链条"状，并且产生越来越粗的现象和链结构的强度可以阻碍基液流动的现象。当可磁化的微型颗粒磁化饱和后，磁流变效应强度与力学特性逐渐稳定。当外部附加磁场消失后，微型颗粒又恢复到原来的无规则热运动状态。如图6.8所示是磁流变液在未施加磁场和强磁场作用下不同状态的实物照片。

(a) 未施加磁场　　　　　　　　(b) 在强磁场作用下

图6.8　磁流变效应效果的实物照片

6.3.2　磁流变液减振器力学模型研究

要想在实际的半主动控制中得到任意时刻的阻尼值与最优的剪切应力，需要对磁流变液应用于工程实际中的准确力学模型进行求导，对于挤压模式磁流变液减振器的黏塑性模型采用 Bingham 黏塑性模型。

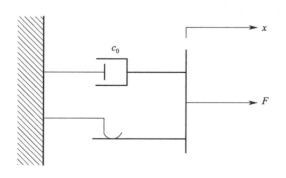

图6.9　Bingham 黏塑性模型结构

Bingham 黏塑性模型结构如图 6.9 所示。该模型最早是由 Stanway 提出，其结构是由摩擦单元与黏性油缸单元并联得到的。该模型最早是用于电流变液减振器的力学模型研究，但磁流变液与电流变液的流变效应方面有很高的相似性，二者减振器的力学特性也很相近。因此，Shame 等引用该模型对磁流变液减振器的力学特性进行描述，其阻尼力的计算公式如下：

$$F = F_y \mathrm{sgn}(\dot{x}) + c_0 \dot{x} \tag{6.19}$$

式中，F 为减振器的阻尼力值；F_y 为库伦阻尼力，与外加电流有关，属于可控阻尼；x 为相对运动速度；c_0 为黏滞系数，由磁流变液自身黏度决定，与外加电流无关。

磁流变液减振器工作原理如图 6.10 所示。可在封闭的极板中填充磁流变液，当外部的振动通过导杆传到挤压板时，挤压板会与上、下外壳进行相对挤压运动，磁流变液在挤压运动下向反方向运动，经过通电线圈产生的磁场时，发生磁流变效应，产生屈服应力来抵抗液体流动进而阻止挤压板运动，从而减少外部振动。通过调节励磁线圈的电流大小可以控制磁场强度，进而控制磁流变效应的强度来调整减振器的阻尼力。

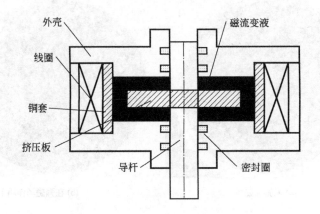

图 6.10 磁流变液减振器工作原理

磁流变液减振器阻尼力的输出主要由挤压运动和拉伸运动提供。磁流变液的挤压是等面积挤压运动，其运动会受到密封效应与挤压增强效应而产生较高的阻尼力。

6.4　输油器的结构设计

6.4.1　输油器的工作原理

输油器是深孔加工系统中最为复杂，要求最高的部件，其结构如图 6.11 所示。它的通用性很强，可应用于 BTA 深孔加工系统、DF 深孔加工系统及 SIED 深孔加工系统。

输油器的工作原理可表述为导向套通过其内锥面定位、预紧、安装好工件后，将钻杆穿入密封导向环，使其从导向套中穿出，然后安装好刀具、退刀，使刀具与导向套形成配合，进而导向套辅助刀具进行定位；开启高压输油泵，使切削液从进油口进入；开启机床主轴，工件与导向套、导套座、空心轴、轴承内圈、定位环、止动垫圈和小圆螺母一同旋转；切削液经钻杆与导套座、导向套、工件孔壁流入刀头，将切屑冲入钻杆内腔，最终排出切屑。

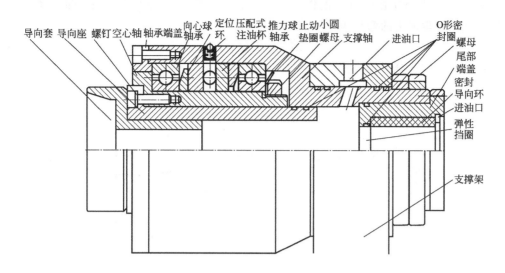

图 6.11　输油器结构

6.4.2　优化后输油器的三维实体建模

如图 6.12 所示是利用 Pro/E 软件建立的优化后的输油器三维实体模型。此模型突出表达钻杆导向块、刀具导向套、钻杆密封定位环及密封圈优化后的结构形状。以下分别以结构对比的方式比较优化前后两者的差异。

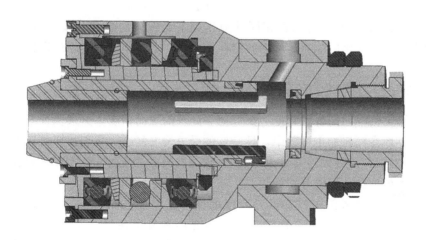

图 6.12　输油器三维实体优化模型

6.5　钻杆导向块的结构设计

6.5.1　钻杆的悬臂梁模型

在深孔加工中，钻杆辅助支撑的位置是影响深孔直线度的重要因素，主要原因是由于钻杆在自身重力及切削力等因素综合作用下造成的。该原理可简化成钻杆悬臂梁模型，如图

6.13 所示，悬臂梁 AB 在外力 F 的作用下，在 B 点发生了 θ_B 的转角和 ω_B 的位移。

钻杆在任意截面上的弯矩为

$$M = -F(l-x) \tag{6.20}$$

钻杆挠曲线的微分方程式为

$$EI\omega'' = M = -F(l-x) \tag{6.21}$$

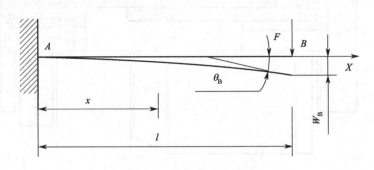

图 6.13　钻杆的悬臂梁模型

因 A 为固定端故可以将边界条件带入，可以得到钻杆在长度 x 处时的转角、位移方程式分别为

$$\omega = \theta = \frac{Fx^2 - 2Flx}{2EI} \tag{6.22}$$

$$\omega = \frac{Fx^3 - 3Flx^2}{6EI} \tag{6.23}$$

由式(6.22)、式(6.23) 可知在相同外力作用下悬臂梁的悬臂长度 x 越小，悬臂的转角、位移就会越小。优化后输油器添加的钻杆导向块，也是基于上述原理设计的。

6.5.2　添加钻杆导向块的可行性分析

导套座是添加钻杆导向块的基础，要保证导向块的导向精度，必须保证导套座的变形可达到变形要求；而在深孔加工过程中，导套座的受力情况复杂，我们按照机床承受的最大轴向力为 68kN，对工件的最大顶紧力为 20kN，输油器最高油压为 6.3MPa 来验证导套座的变形情况。其力学模型和变形图分别如图 6.14、图 6.15 所示。

由导套座的位移变形图可以知道导套座的变形范围是 $6.62 \times 10^{-5} \sim 8.17 \times 10^{-3}$ mm；最大变形量发生在导套座头部靠内腔处；最小变形量发生在导套座尾部。最大形变量为 8.17×10^{-3} mm 是很微小的数值，而且它迫使导套座和优化的导向块向内壁收缩夹紧钻杆，基本上可以忽略其对导向块导向精度的影响。在导套座上添加导向块也是合理的。

6.5.3　钻杆导向块的优化效果分析

我们对优化后导向块的导向效果做了有限元分析，其分析重点在于比较原辅助支撑的位置与导向块作为辅助支撑时支撑位置变化，以验证深孔轴心偏斜的变化。我们基于工厂加工的实例选取刀具将要打通工件时，原辅助支撑距刀具最远点的位置为 4400mm；在有导向块辅助支撑时，支撑距刀具最远点的位置为 2200mm。在相同外力 40000N 作用下，选用 Beam 3 号二维梁单元作为分析钻杆的变形结果如图 6.16 所示。

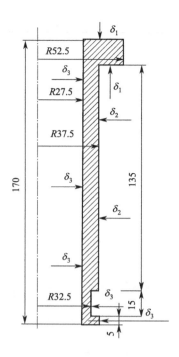

图 6.14 导套座的力学模型

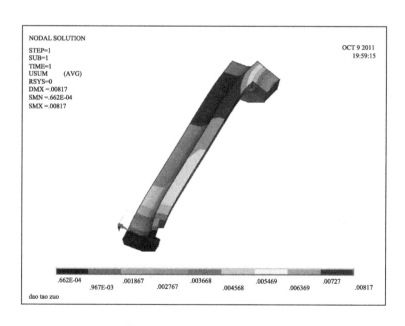

图 6.15 导套座的位移变形图

由图 6.16 可以得到优化设计前深孔加工的钻杆直线度误差为 0.312mm；优化后深孔钻杆直线度误差为 0.039mm；优化设计前后深孔加工的钻杆直线度误差减少了近 90%，明显地提高了深孔加工的精度。

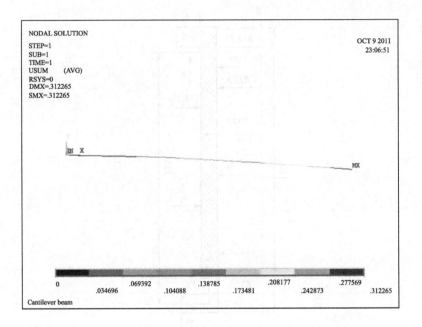

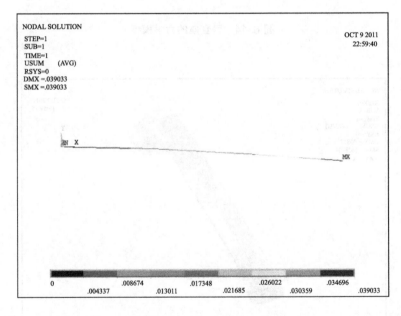

图 6.16　钻杆的变形结果

6.6　对导向套的优化设计

在深孔加工过程中，导向套起到顶紧、定位工件及导向刀具的作用。当顶紧应力很大时会造成导向套的变形，而这种形变会造成工件与刀具中心的偏斜。假设工件轴心与刀具中心有 0.5°的偏斜，其在加工 2200mm 深孔时就会产生 19.2mm 的直线度误差，造成工件的报废。因此，导向套顶紧、定位工件引导刀具作用的大小，会极大影响深孔加工的轴心偏斜量。同时导向套与工件之间的配合极易造成高压冷却油的泄漏，从而影响深孔的加工质量。针对导向套存在的上述问题，可将图 6.11 中的内锥导向套优化为图 6.12 中的外锥导向套，并在其头部和尾部开出密封槽。

可用以上提到的机床承受的外力条件下来验证导向套的变形情况。内、外锥导向套的力学模型和实物图及结构变形分别如图 6.17、图 6.18 所示。

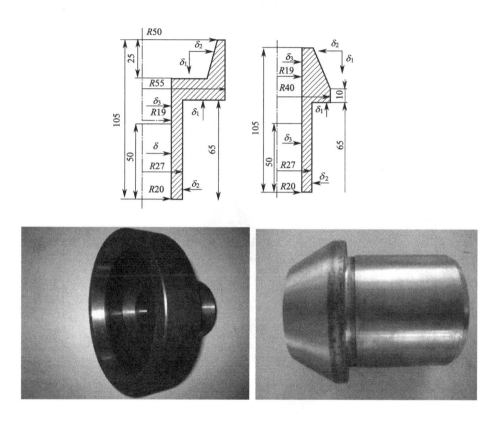

图 6.17　内、外锥导向套的力学模型和实物图

从上述有限元分析的内、外锥导向套的结构变形图可知内锥导向套的形变范围是 $3.81 \times 10^{-4} \sim 2.94 \times 10^{-2}$mm，外锥导向套的形变范围是 $2.01 \times 10^{-3} \sim 9.1 \times 10^{-3}$mm，外锥导向套较内锥导向套的形变范围更小；内锥导向套的最大形变量发生在锥顶内侧，大小为 0.0294mm，其最小形变量发生在锥尾，大小是 3.81×10^{-4}mm。外锥导向套的最大形变量发生在锥顶外侧，大小为 0.0091mm；其最小形变量发生在锥尾，大小是 2.01×10^{-4}mm。内锥较外锥导向套最大形变量减少近 60%，最小形变量增加近 65%，内锥导向套的形变更加稳定，内、外锥导向套的形变量从头部到尾部都呈现逐渐减小的趋势。

由以上分析可知采用内锥导向套更有利于减少工件中心与导向套的偏斜，提高深孔加工的轴心偏斜量。

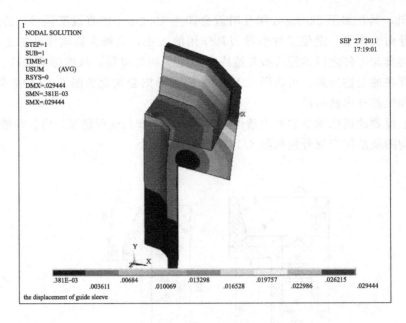

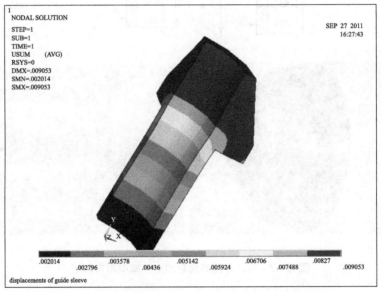

图 6.18 内、外锥导向套的结构变形

6.7 对密封结构的优化设计

输油器的密封性能直接影响切削液压力的高低，并间接地决定了切削热和切屑的排出及深孔加工的质量。基于输油器密封的重要意义，我们对密封导向环、O 形密封圈 、支承轴及导向套的结构还做了如图 6.12 所示的优化。

6.7.1 密封导向环的楔形增压原理及结构设计

优化后的密封导向环的力学模型和结构模型分别如图 6.19、图 6.20 所示。

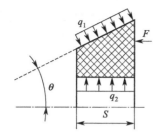

图 6.19　密封导向环的力学模型

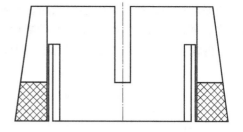

图 6.20　密封导向环的结构模型

从图 6.19 可知楔形密封导向环受到外力 F 及均布载荷 q_1 和 q_2 的作用，被压紧在钻杆与支承轴间。通过静力平衡方程可知：

$$F - q_1 S \sin\theta = 0 \tag{6.24}$$

$$q_2 S - q_1 S \cos\theta = 0 \tag{6.25}$$

可求得

$$q_2 = \frac{F \cot q}{S} \tag{6.26}$$

由式（6.26）可知，在密封导向环结构一定的前提下，可以通过调节 F 来控制 q_2 的大小。

图 6.20 是密封导向环的结构，其顶部和底部分别开了 4 个均布的槽孔，用于增大自身的变形，这样做更利于密封高压切削液并抱紧辅助支撑、导向钻杆。图 6.11 中所示的密封导向环经常与钻杆发生相对摩擦，极易发生自身磨损，失去导向和密封作用；图 6.12 中所示的尾部端盖可在密封导向环发生磨损后向内旋转，使密封导向环进一步收缩，再次实现其密封和辅助支撑、导向作用。从而间接地提高了输油器的使用寿命和深孔加工的质量。

6.7.2　密封圈的优化分析

将图 6.12 中 O 形密封圈更换为 Yx 形密封圈，也是保证输油器密封性的重要方法。在图 6.11 的设计中导套座相对于支承轴高速旋转，极易使其之间的密封圈发生磨损，一旦密封圈发生损坏，就要拆卸整个输油器，更换极为不便，又会减少输油器的使用寿命。基于相同因素，尾部端盖的密封圈与钻杆经常发生滑动摩擦，也易损坏，更增加了输油器密封的难度。我们采用 Yx 形密封圈代替 O 形密封圈来解决这一问题，主要是因为它有以下独特优点。Yx 形密封圈的唇边厚实，发生磨损后有自补偿功能，可以延长密封圈的使用寿命；Yx 形密封圈的密封是依赖于它的唇边对耦合面的紧密接触，并在液压油作用下产生较大的接触压力，液压油压力很高时，可以增强其密封效果；优化前后的装置结构变化很小，可将原结构直接进行改装，简单、方便；优化后的装置可以减少因更换密封件而拆卸的次数，有利于延长整个输油器的使用寿命。

对于导向套使用 O 形密封圈是因为其可以满足与工件接触时的密封要求，而且在导向套外侧拆装方便，即使发生磨损也极易更换。

6.8　输油器与磁流变液减振器的组合设计

如图 6.21 所示为挤压模式自适应磁流变液减振器结构与安装示意。该装置将减振器与输油器相结合，将周向120°布置的减振器安装在输油器连接轴前端，通过活塞杆接触块将钻杆的振动传递给活塞上的感应线圈。感应线圈切割永磁铁的磁感线产生电流，电流流入活塞内腔的激励线圈，产生磁场，提供毫秒级别变化的剪切力，振动强度越大，产生的磁场越大；由磁流变效应所产生的剪切力也越大，所以可以很好地抑制钻杆颤振。

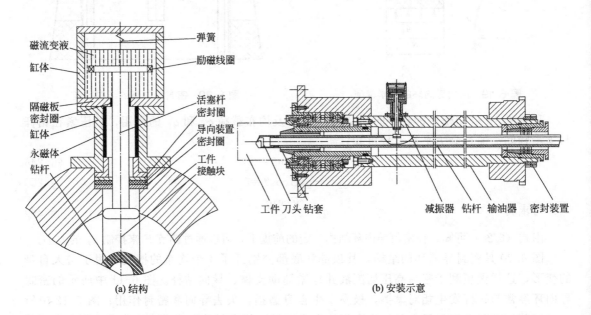

(a) 结构
(b) 安装示意

图 6.21 挤压模式自适应磁流变液减振器结构与安装示意

6.8.1 磁流变液减振器应用于深孔机床的仿真分析

如图 6.22 所示为挤压模式自适应磁流变液减振器，在深孔加工机床上的安装位置简图。具体做法是在输油器连接轴圆周方向上均布 3 个减振器，随后利用 Simulink 软件，模拟仿真 3 个减振器的抑振效果。

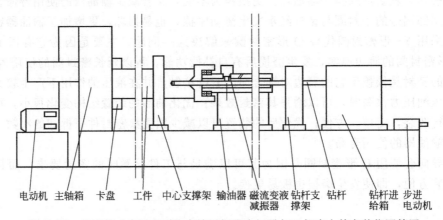

电动机 主轴箱 卡盘 工件 中心支撑架 输油器 磁流变液 钻杆支 钻杆 钻杆进 步进
减振器 撑架 给箱 电动机

图 6.22 挤压模式自适应磁流变液减振器在深孔加工机床上的安装位置简图

根据振动理论，即当振动系统的输入能量与消耗能量相等时，振动是稳定的，此为挤压模式磁流变液减振器的稳定工作状态。此时，钻杆颤振的振幅和频率不再改变，挤压模式磁流变液减振器的阻尼力可以看成是与钻杆振动有关的简谐振动。研究此时安装减振器后深孔钻削加工机床系统动力学模型如图 6.23 所示。

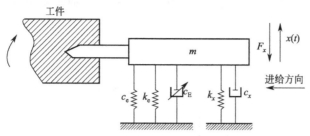

图 6.23 加工机床系统动力学模型

磁流变液减振器的刚度系数和阻尼系数会随着磁场的增大而增大，同时切削系统的固有频率 ω_n 和阻尼比 ζ 也会增大。用 Matlab 软件对该系统的幅频响应特性曲线进行数值仿真，得到安装减振器后的深孔钻削系统的幅频响应函数曲线，即如图 6.24 所示钻削系统的幅频响应函数曲线。该图中 X 轴为频率比（ω/ω_n），Y 轴为频率响应 $|H(\omega)|$。

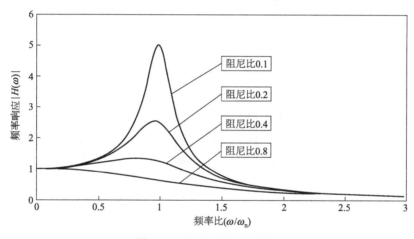

图 6.24 幅频响应函数曲线

通过对图 6.24 中不同阻尼比的频率响应曲线进行比较后可知：如果振动系统的阻尼比很小，而且激励频率又接近系统的固有频率，那么振动系统的稳态振幅会很大，并且会发生共振。如果减振器的阻尼系数足够大，使得 $(c_e+c_E)/c_x$ 的比值远大于 1，则振动系统的阻尼比 ζ 显著增大。从图 6.24 中的幅频响应曲线表明，随着阻尼比 ζ 的增大，增加减振器后系统振动的幅值明显减弱。

6.8.2 磁流变液减振器应用于深孔机床的颤振仿真

Simulink 平台是 Matlab 仿真软件中的一个重要功能，它只需要用户使用软件自带的各类功能模块进行拼接构成所需要的模块，便可以完成对复杂动态系统进行交互式动态建模、仿真及综合分析。Matlab 应用软件中的 Simulink 平台的研究对象包括：离散、连续或混合系统，线性或非线性系统等，目前 Simulink 平台的应用十分广泛，而且前景良好。

Simulink 的组成部分包括：模块库、模型构造、指令分析与演示程序等。在建立仿真模型之前，需要对原系统进行简化和建立动力学模型，然后选取 Simulink 内自带的模块库进行搭建模型，最后利用 Simulink 来进行分析与仿真。

在 Simulink 搭建平台上，通过连线将模块进行搭建，得到安装减振器后的系统仿真模型，如图 6.25 所示。未安装减振器系统的动力学模型仿真如图 6.26 所示。

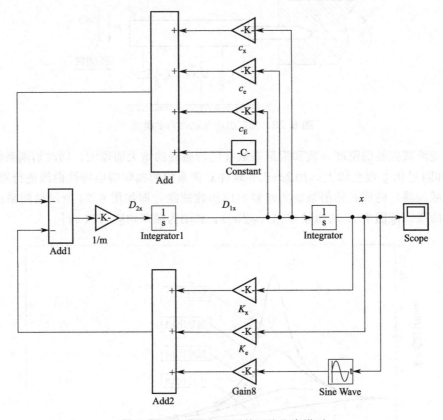

图 6.25 安装减振器后的系统仿真模型

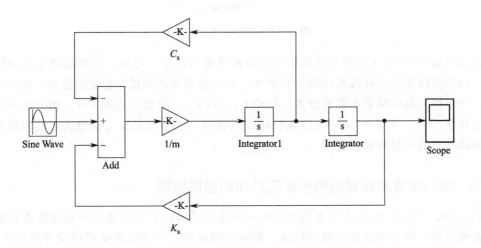

图 6.26 未安装减振器系统的动力学模型仿真

颤振情况分析：设定环境为深孔钻削加工、工件旋转，而且刀具与钻杆相对工件旋转并进给，可以看成是钻杆不转动仅进给，工件以相对转动速度进行旋转。这里考虑到实际情况，可将相对转速上限定为 $n=1200\text{r/min}$。

在刀具加工时，刀具和工件做相对运动，刀具每转一周只碰到一次振纹，只传递一次振动能量，即刀具和钻杆的振动频率等于工件与刀具相对运动的频率。

仿真图搭建好后赋值如下：$m=100\text{kg}$，$c_x=4321\text{N/(m/s)}$，$c_e=4156\text{N/(m/s)}$，$c_E=360\text{N/(m/s)}$，$k_0=2\times10^9\text{N}\cdot\text{m}^2$，$k_d=2\times10^9\text{N}\cdot\text{m}^2$，$b=2\times10^{-3}\text{m}$，$h=1.05\times10^{-4}\text{m}$，$\beta=65°$，$v=0.625\text{mm/s}$，$k_x=1486\text{N/m}$，$k_e=9.8\times10^6\text{N/m}$。对于不同的相对转速从 $n=70\sim1200\text{r/min}$ 进行依次仿真，得到不同转速下安装了磁流变液减振器的深孔机床钻削加工时振动仿真时域图，并与未安装减振器时相对转速下振动的仿真图进行比较，如图 6.27～图 6.34 所示。

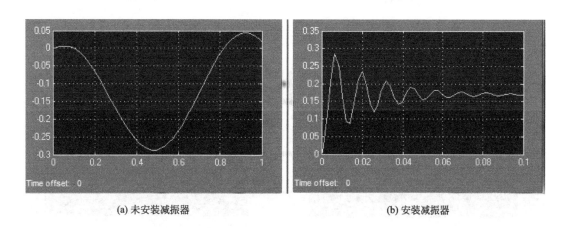

(a) 未安装减振器   (b) 安装减振器

图 6.27 $n=70\text{r/min}$ 时振动时域仿真图

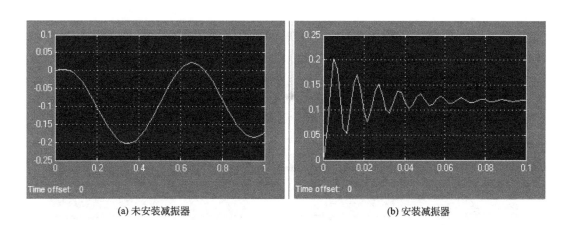

(a) 未安装减振器   (b) 安装减振器

图 6.28 $n=100\text{r/min}$ 时振动时域仿真图

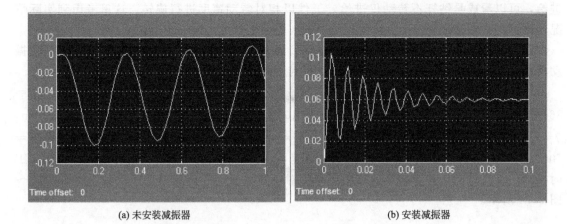

(a) 未安装减振器   (b) 安装减振器

图 6. 29 $n = 200$r/min 时振动时域仿真图

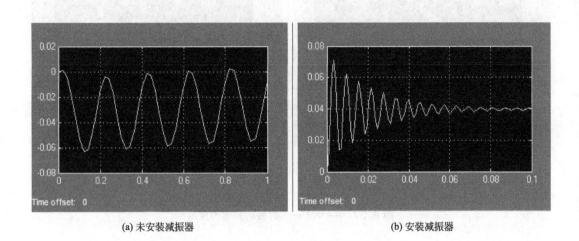

(a) 未安装减振器   (b) 安装减振器

图 6. 30 $n = 300$r/min 时振动时域仿真图

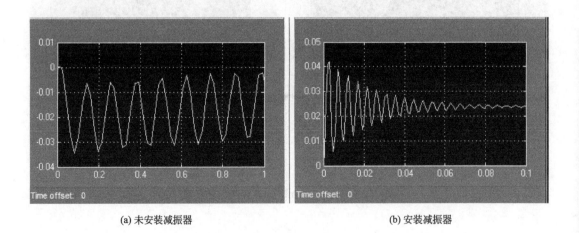

(a) 未安装减振器   (b) 安装减振器

图 6. 31 $n = 500$r/min 时振动时域仿真图

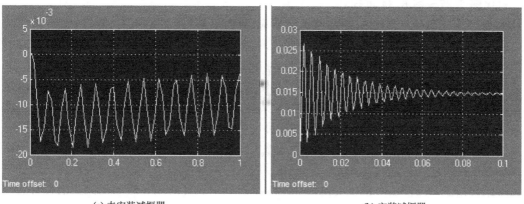

(a) 未安装减振器　　　　　　　　　　　(b) 安装减振器

图 6.32　$n = 800r/min$ 时振动时域仿真图

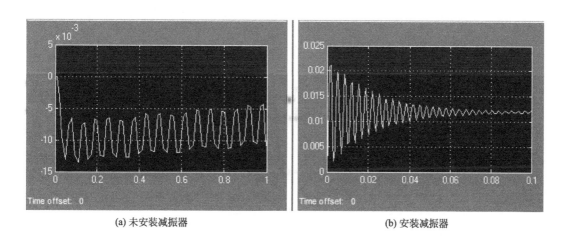

(a) 未安装减振器　　　　　　　　　　　(b) 安装减振器

图 6.33　$n = 1000r/min$ 时振动时域仿真图

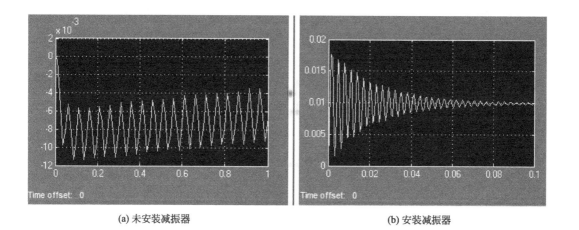

(a) 未安装减振器　　　　　　　　　　　(b) 安装减振器

图 6.34　$n = 1200r/min$ 时振动时域仿真图

对比图 6.27～图 6.34 可知：

① 在不考虑磁流变液减振器毫秒级别响应时间的条件下，在不同相对转速下，安装自适应磁流变液减振器之后，机床的振动幅值会很快地衰减，并且其图形呈收敛趋势。此外，其振动周期也会大幅度地缩减，证明磁流变液减振器具有良好的颤振抑制效果。

② 在不安装减振器的深孔加工床上，其钻杆振动方向主要是垂直向下振动；而布置了径向 120°均布 3 个磁流变液减振器支撑后，其振动方向为垂直向上振动，其振幅大幅度减小，说明采用该布置方式的磁流变液减振器可以良好地支撑钻杆。

当相对转速逐渐增大时，振动周期逐渐缩短。当振动周期接近毫秒级别后，其振幅衰减速度基本不再增加，其原因是磁流变液的毫秒级别响应时间不足以快速应对同样是毫秒级别变化的振动幅值，无法及时提供充足的阻尼力。所以，设计选用合适的磁流变液材料响应时间对振动抑制的效果影响至关重要。

第**7**章

多级负压作用下的 BTA 深孔加工高效排屑及冷却技术

在深孔加工过程中，切削液入口压力对深孔直线度有重大影响，随着切削液入口压力的减小，深孔钻杆受到的切削液流体作用力不断减小，削弱了切削液流体力对深孔钻杆的涡动作用和挤压效应，对改善深孔直线度误差有积极意义。因此，在深孔加工过程中入口压力应尽可能降到最小，但深孔加工的基本排屑条件要求入口与出口间有固定最小压差值；而深孔负压结构的工作参数及结构特性可以直接决定入口压力的大小，主要包括排屑口的横截面积比、喷射系数、射流通道的流量比、喷射间隙、喷射角、喷射结构设计、负压级数等，所有这些因素都是通过改变射流动量的大小或者是提高射流动量的效率来减小深孔加工的入口压力。

在深孔加工系统中，采用深孔负压结构能很好地降低切削液的入口压力，进而影响深孔直线度。但深孔负压结构的工作参数对入口压力的大小有很大的影响，包括负排出压力、喷射系数、结构的流量比、排屑口的横截面积比等。合理选取各参数成为深孔系统高效加工乃至降低深孔直线度误差的关键问题。深孔负压结构复杂，切削液在其中的运动十分复杂，研究切削液的运动形态、探讨如何减小切削液在流动中能量的损失、降低切削液入口压力、提高深孔加工的直线度和改善深孔排屑效果，已经成为一个亟待研究的课题。国内外对深孔负压结构的研究已经相对较多，但大都局限在如何提高深孔加工的排屑效果，即研究如何增大深孔加工负压区与切削液入口之间的压力差，并没有涉及如何减小深孔加工的入口压力，更未涉及切削液入口压力与深孔直线度的关系。本章的研究重点在于使用深孔负压结构减小深孔加工的入口压力。

本章将模拟切削液的运动形态，研究切削液在流动中能量的损失，分析曲面喷嘴的负压效果优于锥面喷嘴的原因；研究多级结构的负压效果明显优于单级负压的原理；研究通过增设接受腔、混合腔、扩散腔和分流腔的负压结构减小切削液入口压力的效果；通过设计新型多级负压结构，提出通过增设分流腔增加各级喷射系数，增加负压级数提高排屑流单位工作能力，调节负压间隙提高喷射效果，最终提高工作效率，减小切削液入口压力，提高深孔直线度。

7.1 减小切削液入口压力的虹吸原理

在深孔加工过程中，流体的运动状态会受到切削液入口压力、钻杆旋转效应、涡动效应和挤压效应等因素的影响。对于实际深孔加工过程，切削液的运动状态是紊流状态，即在层流运动的基础上增加紊流项来模拟切削液的运动状态。深孔直线度与切削液入口压力、钻杆转速、涡动及挤压有密切关系，随着入口压力的减小，深孔直线度误差会逐渐减小。深孔负压结构正是通过减小切削液入口压力来提高深孔直线度的，同时对于较大长径比的深孔，负压结构还可解决其排屑不畅的问题。深孔加工负压结构的主要原理是利用不同压力的两股切削液流体相互混合，并发生能量交换，以形成一种压力居中的切削液混合流体，即通过负压流介质的喷吸效应和混合流体的紊动扩散作用，将负压流体与工作流体进行充分的能量转换。

负压区虹吸原理如图 7.1 所示，Ⅰ、Ⅱ中的液面高度差为 h，沿液体流动的方向，取两个通流截面 A_1、A_2，假设液体流经截面 A_1、A_2 时的速度分别为 v_1、v_2，两截面处的压力分别为 p_1、p_a，p_a 为大气压力。

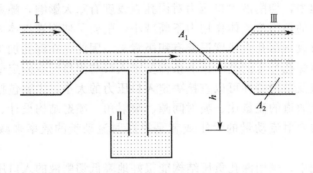

图 7.1 负压区虹吸原理

因截面 A_1 的面积小于截面 A_2，由质量守恒定律：

$$v_1 A_1 = v_2 A_2 \tag{7.1}$$

可得：$v_1 > v_2$。

由伯努利方程：

$$p_1/\rho g + v_1^2/2g = p_a/\rho g + v_2^2/2g \tag{7.2}$$

可得：$p_1 < p_a$。

从而使Ⅱ中的液面与截面 A_1 之间形成压力差。而当此压力差足够大时，Ⅱ中的液体就会被倒吸进管中，形成虹吸现象。

虹吸原理要求有一定压力差存在，即当管中两侧同一液面的压力不同时，管中的液体就会向着压力较小的一侧流动。当固定此压力差时，继续减小负压区的压力，深孔切削液的入口压力就会随之减小。深孔负压结构利用从前喷嘴和射流间隙喷出的切削液压力差，在后喷嘴的头部区域形成负压。当从射流间隙喷出的切削液流速足够快时，就会形成虹吸现象。

由管中流动式：

$$\Delta p = \frac{128ul}{\pi d^4} Q \tag{7.3}$$

$$\Delta p = p_{in} - p_0 \tag{7.4}$$

$$p_{in} = p_0 + \frac{128ul}{\pi d^4}Q \tag{7.5}$$

由负压区压力公式：

$$p_0 = p_a + \frac{16d^2\delta^2 - d^4\cos\theta}{d^4} \times \frac{\rho\delta^4(p - p_a)}{288\mu^2 x^2} \tag{7.6}$$

将式（7.6）代入（7.5）得

$$p_{in} = p_a + \frac{16d^2\delta^2 - d^4\cos\theta}{d^4} \times \frac{\rho\delta^4(p - p_a)}{288\mu^2 x^2} + \frac{128ul}{\pi d^4}Q \tag{7.7}$$

式中，p_{in} 为入口压力；p_a 为大气压力；p_0 为负压区压力；Q 为流量；d 为钻杆内径；θ 为喷射角；δ 为喷射间隙；x 为缝隙长度。

由公式（7.4）可知，在同样压力差 Δp 的情况下，可通过减小负压区压力 p_0 来明显降低入口压力 p_{in}；由公式（7.7）可知入口压力与钻杆内径、喷射角、喷射间隙、切削液流量和黏度等有密切关系。

7.2 可调式负压结构的工作原理

如图 7.2 所示为可调式负压结构原理示意。深孔负压结构在工作时的原理可表述如下。高压切削液由液压泵输出后，分为前后两个分支：前一分支流入输油器，最终带动切屑进入前喷嘴；后一分支液流直接通入支撑架的内腔，经锥形射流间隙进入后喷嘴的内腔，产生高压射流和负压。当需要调整负压时，拧下锁紧螺母，转动调整螺母，因止转销限制了后喷嘴的径向转动，使后喷嘴只能前后移动，同时止移盘限制了调整螺母的轴向移动，使调整螺母

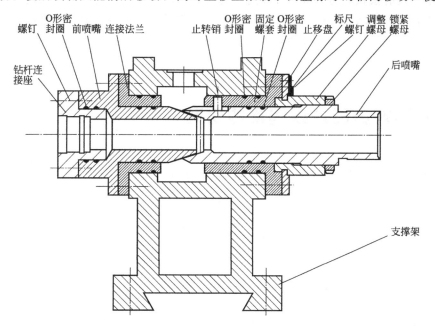

图 7.2 可调式负压结构原理示意

只能径向转动。这样就能通过调节调整螺母，完成对射流间隙的大小控制。当达到较好的负压效果后，可将锁紧螺母拧紧在后喷嘴上，完成对负压的调整。

7.3 优化后可调式负压抽屑装置三维实体建模

可调式负压抽屑装置三维实体优化模型如图 7.3 所示。该优化模型突出表达 Yx 形密封圈及其沟槽结构，验证各个零件的装配尺寸是否发生干涉，使整个模型更加合理、易懂。

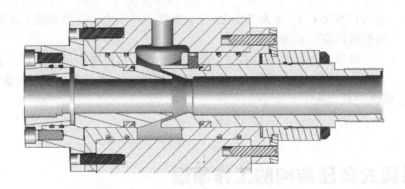

图 7.3 可调式负压抽屑装置三维实体优化模型

将前喷嘴和后喷嘴使用的 O 形密封圈更换成 Yx 形密封圈，是因为 Yx 形密封圈有很多 O 形密封圈所没有的优点：Yx 形密封圈的唇边厚实，发生磨损后有自补偿功能，可以延长密封圈的使用寿命；Yx 形密封圈的密封是通过它的唇边对耦合面的紧密接触，并在液压油作用下产生较大的接触压力。液压油压力很高时，可以增强其密封效果；优化前后的装置结构变化很小，可将原结构直接改装，简单方便；优化后的装置可以减少因更换密封件而拆卸的次数，有利于延长整个负压抽屑装置的使用寿命。

7.4 对影响负压效果因素的研究

7.4.1 用动力学原理研究影响负压效果的因素

当负压抽屑装置采用圆锥形喷嘴时，结构如图 7.4 所示。取单位时间内流经截面 I—I 处的液体为研究对象，在负压条件下的伯努利方程为

$$p_1/\rho g + v_1^2/2g = p_2/\rho g + v_2^2/2g + h_1 \tag{7.8}$$

简化可得

$$\Delta p = p_1 - p_2 = \rho(2v_1 \Delta v + \Delta v^2)/2 + \rho g h_1 \tag{7.9}$$

式中，v_1、p_1 为截面 I—I 处的平均速度和平均压力；v_2、p_2 为截面 II—II 处的平均速度和平均压力；Δp、Δv 为截面 I—I 与截面 II—II 处的压力差和平均速度之差；ρ 为液体密度；h_1 为沿程损失的能量。

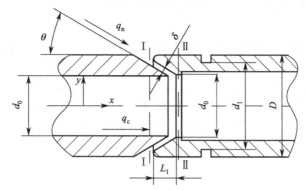

图 7.4 影响负压区压力的因素

单位时间内从射流间隙喷出的液流与从截面Ⅰ—Ⅰ处流出的液流混合,在 X 方向的动量守恒,可得

$$\rho q_n v \cos\theta + \rho q_c v_1 = \rho (q_n + q_c) v_2 \tag{7.10}$$

假设 $q_c / q_n = a$, a 为常量,则简化可得

$$\Delta v = (v \cos\theta - v_1)/(a+1) \tag{7.11}$$

$$v = \frac{q_n}{\pi d_0 \delta} \tag{7.12}$$

$$v_1 = \frac{4 a q_n}{\pi d_0^2} \tag{7.13}$$

将式(7.10)～式(7.13)代入式(7.9)并简化可得

$$p_2 = p_1 - \frac{\rho q_n^2}{2(a+1)^2} \left(\frac{\cos\theta}{\pi d_0 \delta} + \frac{4a}{\pi d_0^2} \right)^2 + \frac{16 a^2 q_n^2}{\pi d_0^4} - \rho g h_1 \tag{7.14}$$

式中, v 为从射流间隙喷出的液体流速; q_n 为射流间隙流量; q_c 为Ⅰ—Ⅰ截面流量; d_0 为前喷嘴直径; δ 为射流间隙; θ 为射流喷嘴喷射角。

7.4.2 对影响负压效果因素的实验分析

在 $q_n = 3.3 \times 10^{-4} \mathrm{m}^3/\mathrm{s}$, $a=3$, $d_0 = 12 \mathrm{mm}$ 情况下,我们对 δ 、 θ 和负压区压力 p_2 之间的关系进行了实验研究,得出的结果如图 7.5 所示。

$p/-10^4 \mathrm{Pa}$ δ/mm $\theta/(°)$	0.1	0.2	0.3	0.4	0.5
15	9.49	8.98	7.72	6.27	5
30	8.29	7.97	6.96	5.82	4.68
45	4.81	5.44	5.51	4.81	3.92

图 7.5 δ 、 θ 和 p 之间的关系图

由图 7.5 可知在研究范围内,在 δ 一定的条件下, θ 减小, p 减小,有助于增强负压效果; θ 在 $15°\sim30°$ 范围, δ 减小, p 减小,有助于增强负压效果;在 θ 从 $30°$ 变化到 $45°$

时，δ 减小，p 先减小后增大，负压效果先增大后减小；δ 对负压效果的影响要远大于 θ 的影响。

在可调式负压抽屑装置取得较好负压效果时，理论上 δ、θ 越小越好，但是实际中参数一般选择为 δ 在 $0.1\sim0.4\mathrm{mm}$ 之间，θ 在 $15°\sim30°$ 之间。这是因为 δ 过小，油污会在间隙中堆积，易造成堵屑，θ 受负压装置结构和制造工艺条件的限制，不宜过小。

在射流通道流量已定的前提下，可通过调节射流间隙 δ 来调整负压效果，这种方法已应用在可调式负压抽屑装置上，并极大地提高了排屑效率；若能在调节射流间隙 δ 的同时，改变喷射角 θ 的大小来提高排屑效率，则将会是另一种有效途径。

7.5 对后喷嘴壁厚的有限元分析

因结构优化使后喷嘴外壁开有较深的密封圈沟槽，而其内壁又是负压区，且因工艺限制后喷嘴头部 L_1 不宜过长，使后喷嘴壁厚直接影响 θ 的大小。故要选择合理的壁厚参数，使它既满足后喷嘴的密封、强度要求，又不会对负压造成很大的影响。本章使用有限元软件对后喷嘴壁厚参数进行分析，所选参数为射流喷口直径 $d_0=12\mathrm{mm}$，后喷嘴内径 $d=14\mathrm{mm}$，后喷嘴外径 $D=22\mathrm{mm}$，后喷嘴喷射角 $\theta=20°$，圆锥头长度 $L_1=8\mathrm{mm}$，密封圈沟槽直径 $d_1=20\mathrm{mm}$。采用有限元分析计算的流程图，如图 7.6 所示。

图 7.6 后喷嘴有限元分析计算流程

7.5.1 建立后喷嘴的有限元分析模型

在负压区压力差最大时，对后喷嘴进行有限元分析。首先建立后喷嘴的模型，本次采用 4 节点四边形实体 42 号结构单元（Solid Quad 4node 42）来划分平面网格，这种单元的位移模式称为双线性位移模式，其相邻两个单元在公共边界上的位移是连续的，用它来模拟位移、应力的变化，有较高的精度。平面网格划分完以后，采用 8 节点长方体 45 号结构单元（Solid Brick 8node 45）通过扫掠生成实体网格，之后定义材料属性和边界条件。前喷嘴所使用的材料是 45 钢，其弹性模量 $E=2\times10^{11}\mathrm{Pa}$，泊松比 $\mu=0.26$。冷却泵的输出油压力为 $3\mathrm{MPa}$，负压区压力为 $p_2=-9.49\times10^4\mathrm{Pa}$。

7.5.2 仿真结果及其分析

后喷嘴在工作时，其工作状态在弹性力学中是圆环或圆筒受均布压力时的力学模型。用有限元分析其位移、等效应力云图，分别如图 7.7、图 7.8 所示。

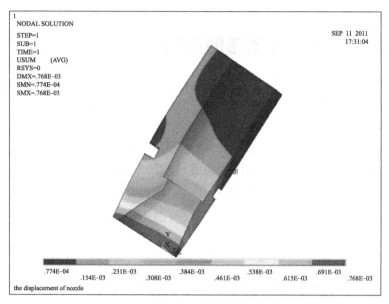

图 7.7 位移云图

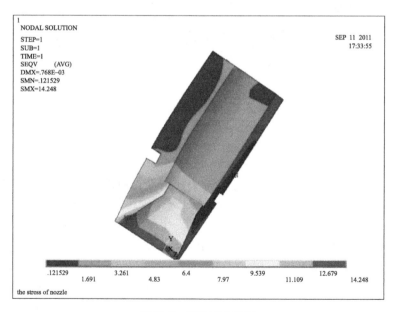

图 7.8 等效应力云图

由图 7.7 位移云图可以看出：后喷嘴的最大位移发生在喷嘴头外部，大小为 7.68×10^{-6} m；喷嘴尾部产生的位移值最小，大小为 7.74×10^{-7} m，中间部分的位移介于两者之间。后喷嘴头部产生的形变很小，YX 形密封圈可以自动补偿因外壁收缩产生的间隙，能起到很好的密封作用。

由图 7.8 等效应力云图可以看出：后喷嘴所受到的应力从内喷嘴尾部到外喷嘴头部逐渐增大，外壁受到的应力最大为 $1.42 \times 10^7 \mathrm{Pa}$，远小于 45 钢的屈服极限 $0.8\sigma_s$（约 $2.84 \times 10^{10} \mathrm{Pa}$）。后喷嘴壁厚可满足强度要求，后喷嘴壁厚参数选择合理。

7.6 曲面喷嘴对深孔负压的影响

可调式负压结构是因负压区的抽吸力不是特别强劲，很多深孔设备都没有采用。针对以上缺点，设计了带有曲面喷嘴的负压结构，其原理如图 7.9 所示。

此时喷嘴处的水平分速度为

$$v_x = \phi_1 \sqrt{2\Delta P V_P} \cos\theta \tag{7.15}$$

式中，V_P 为负压流的比体积；ΔP 为喷嘴两端的压差，$\Delta P = P_P - P_H$；ϕ_1 为速度系数；θ 为喷射角，随曲面延伸角度不断减小。

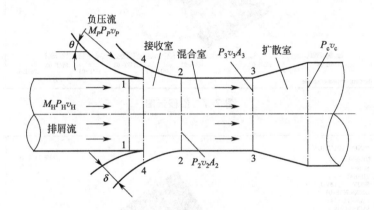

图 7.9 曲面负压结构原理

喷嘴面积：

$$A_1 = \pi d_m S / \sin\kappa \tag{7.16}$$

式中，$d_m = (d_1 + d_2)/2$，d_1 与 d_2 分别为喷嘴外径与内径。δ 为喷嘴间隙，随曲面延伸间隙不断减小。如图 7.9 所示，负压射流经过负压喷嘴进入接收室，压力从 P_P 降低为 P_1，而且 $P_1 = P_H$。流速由 v_P 升高为 v_{P_1}，与工作流切削液相混合，选截面 2—2 和 3—3 间的切削液流体作为研究对象，由动量定理得

$$(v_{P_2} M_P + v_{H_2} M_H)\phi_2 - v_3(M_P + M_H) = A_{P_2}(P_3 - P_{P_2}) + A_{H_2}(P_3 - P_{H_2}) \tag{7.17}$$

式中，M_P 为负压射流质量流量；M_H 为排屑流质量流量；v_{P_2}、v_{P_3} 为截面 2—2 和 3—3 处负压射流流速；v_{H_2} 为截面 2—2 处排屑流流速；v_3 为截面 3—3 处混合流体流速；P_{P_2}、P_{P_3} 为截面 2—2 和 3—3 处负压射流流体压力；P_{H_2} 为截面 2—2 处排屑流体压力；P_3 为截面 3—3 处混合流体压力；A_{P_2}、A_{P_3} 为截面 2—2 和 3—3 处负压射流流体面积；A_{H_2} 为截面 2—2 处排屑流体面积，ϕ_2 为混合室流体流速系数，A_{P_1} 为负压喷嘴出口截面面积。

假设 $v_{P_1} = v_{P_2}$，$A_{P_1} = A_{P_2}$，$P_H = P_{P_1} = P_{P_2}$，P_H 为接收室排屑流体压力，则负压结

构内流体特性方程式：

$$\frac{\Delta P_C}{\Delta P_P}=\frac{A_{P_1}}{A_{P_2}}\phi_1^2\left[2\phi_2\cos\kappa+\left(2\phi_2-\frac{1}{\phi_4^2}\right)\mu^2\frac{v_H A_{P_1}}{v_P A_{H_2}}-(1+\mu^2)(2-\phi_3^2)\frac{v_C A_{P_1}}{v_P A_3}\right] \quad (7.18)$$

式中，$\Delta P_C = P_C - P_H$，$A_{H_2} = A_3 - A_{P_1}$，$\Delta P_P = P_P - P_H$，$\mu = M_H / M_P$ 为喷射系数；ϕ_1、ϕ_2、ϕ_3、ϕ_4 为速度系数；v_H 为排屑射流流体速度；v_P 为负压射流流体速度；v_C 为混合流体速度。

由（7.18）式得，负压结构通流截面比 A_{P_1}/A_3、速度系数（ϕ_1、ϕ_2、ϕ_3、ϕ_4）及喷射系数 μ 三个因素决定压力降 $\Delta P_C/\Delta P_P$ 的大小。

已知 ΔP_P 与 μ 的值，求解 ΔP_C 为最大时的 A_{P_1}/A_3 值，即 $\dfrac{\mathrm{d}(\Delta P_C)}{\mathrm{d}\left(\dfrac{A_{P_1}}{A_3}\right)}=0$，得

$$\left(\frac{A_3}{A_{P_1}}\right)_{OPT}=\frac{(2-\phi_3^2)\dfrac{v_C}{v_P}(1+\mu)^2-\left(2\phi_2-\dfrac{1}{\phi_4^2}\right)\dfrac{v_H}{v_P}n\mu^2}{\phi_2\cos\kappa} \quad (7.19)$$

$$n=\frac{A_3}{A_{H_2}}=\frac{A_3}{A_{P_1}}\Big/\left(\frac{A_3}{A_{P_1}}-1\right) \quad (7.20)$$

将式（7.19）、式（7.20）联立，解得

$$\left(\frac{A_3}{A_{P_1}}\right)_{OPT}=\frac{-b\pm\sqrt{b^2-4ac}}{2a} \quad (7.21)$$

$$a=\phi_2\cos\kappa\,;b=-\left[\phi_2\cos\kappa+(2-\phi_3^2)\frac{v_c}{v_P}(1+u^2)-\left(2\phi_2-\frac{1}{\phi_4^2}\right)\frac{v_H}{v_P}u^2\right]$$

$$c=(2-\phi_3^2)\frac{v_C}{v_P}(1+u^2)$$

由式（7.21）可知，在其余参数不变的情况下，最佳截面比 $(A_3/A_{P_1})_{OPT}$ 喷嘴系数 μ 成非线性正比关系，如图 7.10 所示。

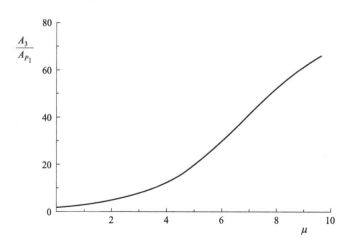

图 7.10 最佳截面比 $(A_3/A_{P_1})_{OPT}$ 喷嘴系数 μ 成非线性正比关系

由式（7.19）、式（7.20）可得，在最佳截面条件时最大相对压力降比：

$$\frac{\Delta P_C}{\Delta P_P} = \frac{\phi_1^2 \phi_2^2 \cos\kappa}{(2-\phi_2^2)\dfrac{v_C}{v_P}(1+\mu^2) - \left(2\phi_2 - \dfrac{1}{\phi_4^2}\right)\dfrac{v_H}{v_P}n\mu^2} \tag{7.22}$$

深孔加工过程中，曲面喷嘴相对于锥面喷嘴更容易得到更好的最佳截面比。深孔钻杆中流体的运动状态受到入口压力、喷射系数、最佳截面比等因素的影响，同时在排屑过程中还会受到切屑的扰动，钻杆的运动状态也会对切削液形成较大影响，造成深孔加工中切削液以紊流状态运动。对紊流的分析是在稳定层流流动中加入适当的影响因素用以模拟紊流现象，即首先模拟稳定层流状态下流体的运动，之后再加上紊流项，最终得到切削液流体运动的真实情况。仿真参数设定：孔径 $\phi 16\mathrm{mm}$，供油压力为 $1.5\sim 6\mathrm{MPa}$，锥面喷射角 θ 为 $30°$，喷射间隙 δ 为 $4\times10^{-4}\mathrm{m}$，$d_1 = d_0 + 2S\cos\kappa$，$L = 3d_1$，曲面参数与锥面参数相同。

在喷嘴正对的区域会形成一股速度很大的喷射流，排屑通道喷嘴后半部分流体的流速明显比喷嘴前流体流速快。在 1.5MPa 情况下，一级的曲面速度最大值为 $8.18\times10^2\mathrm{m/s}$，比锥面速度最大值 $7.60\times10^2\mathrm{m/s}$ 高[图 7.11(a),(b)]。

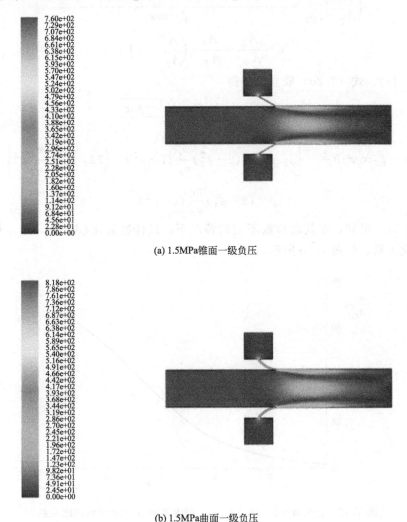

(a) 1.5MPa锥面一级负压

(b) 1.5MPa曲面一级负压

图 7.11 圆锥喷嘴与曲面喷嘴速度对比云图

湍流强度等于湍流脉动速度与平均速度的比值，是衡量湍流强弱的相对指标，湍流强度越大则流动速度波动越大，获得的速度就越大。在 1.5MPa 压力条件下，切削液流体于射流喷嘴口附近的能量转换区获得能量；在相同区域范围内，曲面相对于锥面的湍流强度大；一级的负压曲面湍流强度最大值为 1.00×10^4 Pa，比锥面速度最大值 8.21×10^3 高[图 7.12(a),(b)]，说明流体于曲面射流喷嘴口相对于锥面有更多的能量转换。

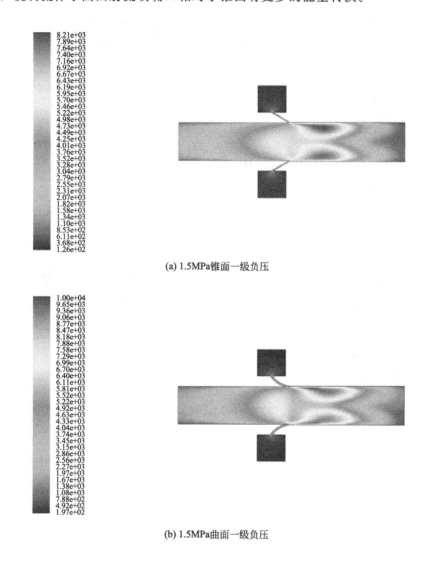

(a) 1.5MPa锥面一级负压

(b) 1.5MPa曲面一级负压

图 7.12 圆锥喷嘴与曲面喷嘴湍流动能对比云图

如图 7.13(a)～(f)所示，随着入口压力的增加，负压结构经能量转换的流体不仅整体上波及范围更大，而且速度显著提高，曲面喷嘴的负压效果优于锥面喷嘴。对于同一横截面，速度的分布是最大速度分布在壁面边缘，在喷射流直对面的区域速度减小，靠壁的孔心处速度增大。

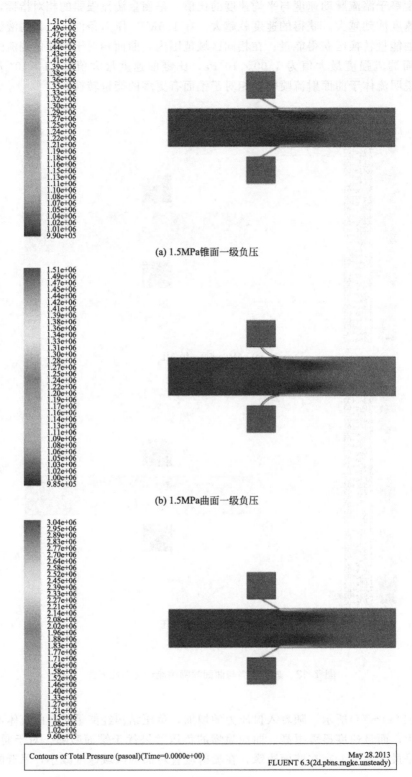

(a) 1.5MPa锥面一级负压

(b) 1.5MPa曲面一级负压

Contours of Total Pressure (pasoal)(Time=0.0000e+00)

May 28.2013
FLUENT 6.3(2d.pbns.rngke.unsteady)

(c) 3MPa锥面一级负压

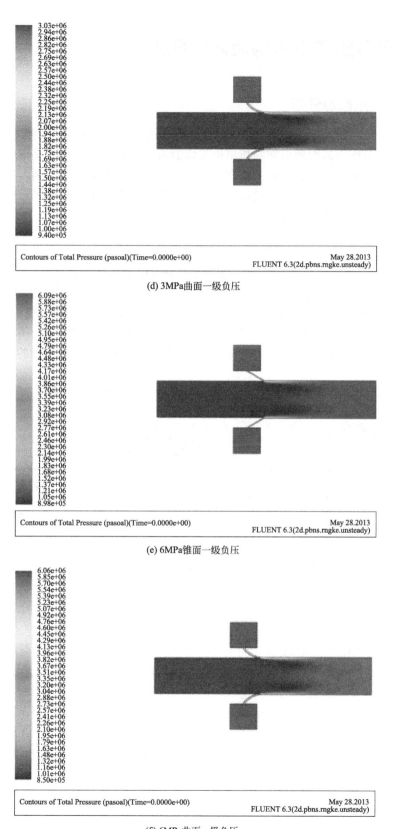

Contours of Total Pressure (pasoal)(Time=0.0000e+00)　　　　May 28.2013
FLUENT 6.3(2d.pbns.rngke.unsteady)

(d) 3MPa曲面一级负压

Contours of Total Pressure (pasoal)(Time=0.0000e+00)　　　　May 28.2013
FLUENT 6.3(2d.pbns.rngke.unsteady)

(e) 6MPa锥面一级负压

Contours of Total Pressure (pasoal)(Time=0.0000e+00)　　　　May 28.2013
FLUENT 6.3(2d.pbns.rngke.unsteady)

(f) 6MPa曲面一级负压

图 7.13 圆锥喷嘴与曲面喷嘴压力对比云图

7.7 多级负压减小切削液入口压力

7.7.1 多级负压原理分析

深孔负压结构的效率采用引射流所获得的工作能力与工作流所丧失的工作能力之比来表示。单位质量的工作物体所做的功叫作单位工作能力。深孔负压结构的效率可以定义为同一时间内被引射流体所得的能量（有效功率）与工作流体所失去的能量（输入功率）之比，即同一时间内，排屑流体所获得的能量与负压流体所失去的能量之比，抽屑流所获得的工作能力与负压流所丧失的工作能力之比：

$$\eta = \frac{\mu(e_c - e_H)}{e_P - e_c} \tag{7.23}$$

式中，e_P、e_H、e_c 分别表示负压、排屑和混合流体的单位工作能力。

为提高深孔负压结构的工作效率，减小深孔加工的入口压力，多级负压结构应运而生，多级负压结构的原理如图 7.14 所示。不同压力的负压流和切屑流相互碰撞，进入混合腔中，进行速度和压力均衡；流体从混合腔进一步流入扩散腔，伴随着速度减小，压力升高，并于分流腔内分出两股流体，一股流出，另一股与二级喷射流再次碰撞混合，重复上述能量交换的过程。

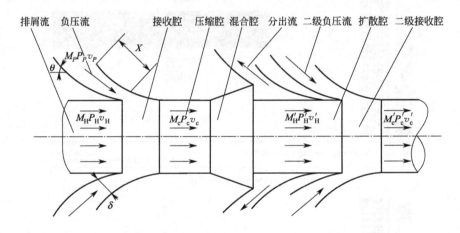

图 7.14 多级负压结构原理

由于几个成阶梯式的串联喷嘴共同工作的结果，可得到全压降 μ，或全压缩比 P_c/P_H^{I}。其中，P_H^{I} 是第一级的抽吸压力；P_c 是末级的压缩压力，串联系统中每一个深孔负压结构可造成全压降（或全压缩比）的一部分。

在多级串联系统中，存在 $P_c^{\mathrm{I}} = P_H^{\mathrm{II}}$。其中 P_c^{I} 为第一级的压缩压力，P_H^{II} 为第二级的排屑流压力；同样，第二级的压缩压力等于第三级的排屑流压力，即 $P_c^{\mathrm{II}} = P_H^{\mathrm{III}}$。

多级负压结构的总（各级）喷射系数等于第一级（低压级）的负压射流流量与结构中其他各级的排屑流总流量之比来确定：

$$\mu = \frac{G_H^{\mathrm{I}}}{\sum G_P} \tag{7.24}$$

在第一级中的负压喷射流压力为 P_H^I、喷射结构后的压缩流压力为 P_c 和喷射前的排屑流压力 P_p 给定的情况下，负压结构的动力效果用总喷射系数 μ 来表示。

总喷射系数 μ 越大，为了把排屑流 G_H^I 的压力从压力 P_H^I 提高到压力 P_c 所消耗的喷射流流量 $\sum G_P$ 也就越少。

多级负压结构的总喷射系数用下式来确定：

对于一级系统：

$$\mu = \mu^I \tag{7.25}$$

对于二级系统：

$$\mu = \frac{\mu^I \mu^{II}}{\mu^I + \mu^{II}} \tag{7.26}$$

对于三级系统：

$$\mu = \frac{\mu^I \mu^{II} \mu^{III}}{\mu^I \mu^{II} + \mu^I \mu^{III} + \mu^{II} \mu^{III}} \tag{7.27}$$

式中，μ^I、μ^{II}、μ^{III} 为第一级、第二级、第三级的喷射系数。

$$\mu^I = \frac{G_H^I}{G_P^I}; \mu^{II} = \frac{G_H^I}{G_P^{II}}; \mu^{III} = \frac{G_H^I}{G_P^{III}} \tag{7.28}$$

G_H^I 为第一级的负压喷射流流量；G_P^I、G_P^{II}、G_P^{III} 为第一级、第二级、第三级的排屑流流量。此时排屑流流量 $G_P^{III} = G_P^I + G_P^{II}$。

对于 i 级系统：

$$\frac{1}{\mu} = \sum \frac{1}{\mu^i} \tag{7.29}$$

如果不从结构的级与级之间抽走一部分介质，那么随着深孔负压结构工作介质的不断增加，末级的喷射系数在不断减小，此时随着喷射级数的增加虽然切削液的入口压力仍在不断降低。但是，增加一级喷射结构的效果不是很明显。因此，此时多级负压结构的串联是不合算的。如果从喷射结构的级与级之间引走大量切削液流体，结果是通过每后一级的引射介质流量比前一级后面的混合介质流量小，于是多级喷射结构的总喷射系数就会比单级喷射结构的喷射系数高；在这种情况下，采用多级喷射结构来代替单级喷射结构是合算的。因此，必须设置分流腔，从级与级之间分走大量混合液体以提高多级负压结构的效率。

多级负压结构通过流体间能量的多次交换，来提高排屑流体的单位工作能力，多级喷射结构的各级喷射系数如下：

$$\mu = \frac{M_H^I}{\sum M_P} \tag{7.30}$$

式中，M_H^I 为低压级的负压流质量流量；$\sum M_P$ 为各级排屑流质量流量之和。

由式（7.30）可知，通过增加负压结构的级数可提高多级负压结构各级的喷射系数。由式（7.23）可知多级负压结构排屑流有更高的单位工作能力和工作效率。

7.7.2 多级负压减小入口压力的模拟分析

在 1.5MPa 情况下，不论是在锥面还是在曲面情况下，随着级数的增加，速度最大值并不是随之增大；随着级数的增加，速度增大的区域不断增大，且速度增大的区域不断向喷嘴前部移动。对于同一横截面，速度的分布是最大速度分布在壁面边缘，在喷射流直对面的区域速度减小，靠壁的孔心处速度增大分布。在同级情况下，随着压力的增加，喷射速度的最大值随之增大，相同区域的速度值也随之增大[图 7.12(b)、图 7.15(a)～(d)]。

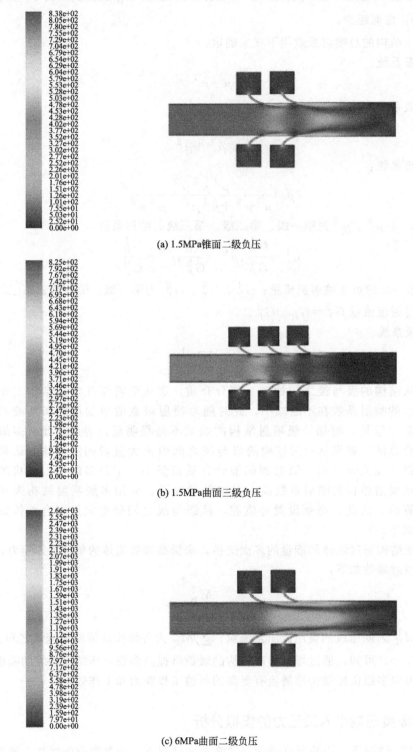

(a) 1.5MPa锥面二级负压

(b) 1.5MPa曲面三级负压

(c) 6MPa曲面二级负压

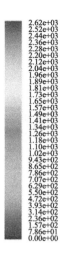
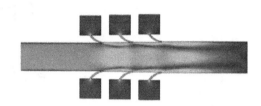

(d) 6MPa曲面三级负压

图7.15 多级负压速度云图

在曲面情况下，随着级数的增加，湍流强度最大值随之增大；在同一横截面，湍流强度的分布规律是在第一级时最大湍流强度分布在壁面边缘，对于以后的级数，最大湍流强度分布在壁孔中心。湍流强度的最小值随着级数的增加，湍流强度最小值随之增大[图7.16(a)，(b)]。

随着切削液入口压力的增大湍流强度值明显增大，而且其波及范围也很广，说明负压结构的混合液发生能量交换后流速提高得更多、流动得更快；在相同入口压力情况下，随着负压级数的增加，喷射湍流强度的最大值随之增大，相同区域的湍流强度也随之增大；切削液在能量转化区混合后湍流强度最大，流动最剧烈[图7.16(c)，(d)]。

如图7.17(a)～(d)所示为多级负压总压云图，总压分布随着入口压力的增大，整体压力分布增大。

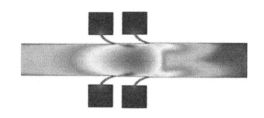

(a) 1.5MPa曲面二级负压

图7.16

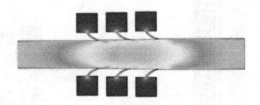

(b) 1.5MPa曲面三级负压

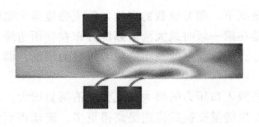

(c) 6MPa曲面二级负压

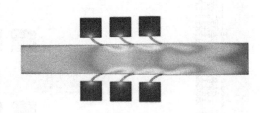

(d) 6MPa曲面三级负压

图 7.16 多级负压湍流强度云图

(a) 1.5MPa曲面二级负压

(b) 1.5MPa曲面三级负压

(c) 6MPa曲面二级负压

图 7.17

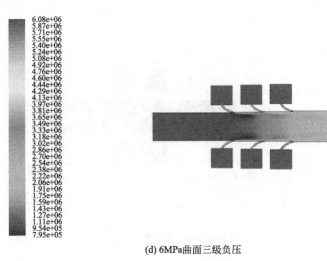

6.08e+06
5.87e+06
5.71e+06
5.55e+06
5.40e+06
5.24e+06
5.08e+06
4.92e+06
4.76e+06
4.60e+06
4.44e+06
4.29e+06
4.13e+06
3.97e+06
3.81e+06
3.65e+06
3.49e+06
3.33e+06
3.18e+06
3.02e+06
2.86e+06
2.70e+06
2.54e+06
2.38e+06
2.22e+06
2.06e+06
1.91e+06
1.75e+06
1.59e+06
1.43e+06
1.27e+06
1.11e+06
9.54e+05
7.95e+05

(d) 6MPa曲面三级负压

图 7.17 多级负压总压云图

7.8 多级负压的结构分析

7.8.1 多级负压结构

设计的多级负压结构如图 7.18(a)～图 7.18(f)所示,负压喷嘴按照由前向后的顺序排列于支撑架的空腔内,位于前方的喷嘴后半部分外径和与其相邻且位于其后方的喷嘴的前半部分内径相配合;在相邻的两个喷嘴中,位于前方的喷嘴外壁和与其相邻且位于其后方的喷嘴的前端口以及水平筒内壁之间形成流体空间;每个旋转螺母还配有一个第二止转销;齿轮轴杆与螺孔之间设有密封件;油口密封头交替连接进油通路与出油通路。

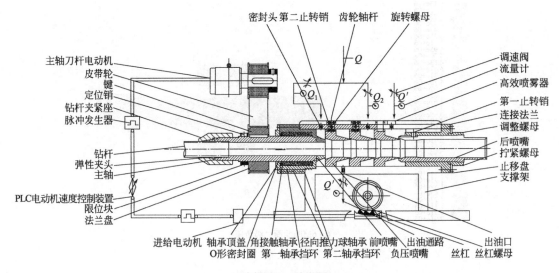

(a) 主视图(B—B剖视图)

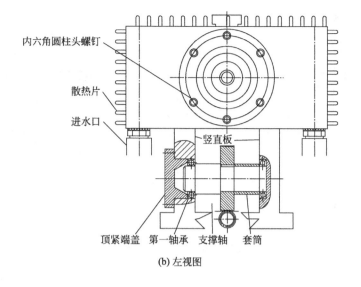

内六角圆柱头螺钉

散热片

进水口

竖直板

顶紧端盖　第一轴承　支撑轴　套筒

(b) 左视图

$A—A$

循环水道

水管接头
连接水管

(c) 冷却系统图($A—A$剖视)

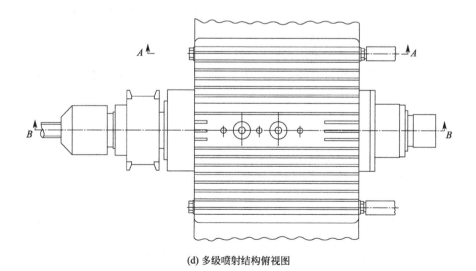

(d) 多级喷射结构俯视图

图 7.18

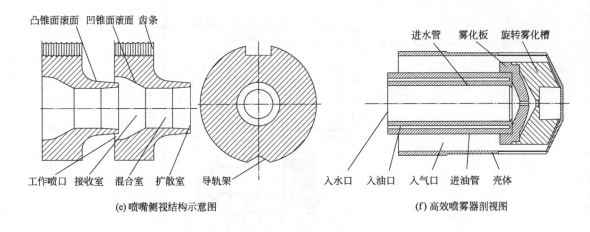

图 7.18　多级负压结构

在图 7.18 为多级负压结构中，包括一个由竖直支座以及设置在竖直支座上部的两端开口的水平筒组成的支撑架，水平筒靠近前端口的内壁之间固定设有一组轴承；轴承组每个轴承的外圈均与水平筒的内壁连接；水平筒的前端口内水平套设有一个中心为前后贯通结构的主轴，主轴的后半部分与轴承组中每个轴承的内圈固定，主轴的前半部分伸出水平筒；水平筒的前端口处设有中心开孔的轴承顶盖，轴承顶盖与主轴之间设有密封圈；其特征在于，主轴伸出水平筒部分的中部通过键连接有一个套设在主轴上的法兰盘；法兰盘的外周圈固定套设有一个皮带轮；主轴上位于法兰盘前方靠近法兰盘的位置上、下分别设有用于对法兰盘限位的定位销和限位块；还包括用于驱动皮带轮的主轴钻杆电动机；主轴钻杆电动机的动力输出轴通过皮带驱动皮带轮；主轴的前端口固定有内部为前后贯通结构的钻头；钻头与主轴的中心贯通；水平筒内位于主轴后端口的位置固定有一个由前向后呈收缩结构且中心开有通孔的前喷嘴，水平筒的后端口处固定设有一个中心开有通孔的后喷嘴，后喷嘴外壁与水平筒内壁之间密封固定连接；前后喷嘴之间顺次设有至少一个负压喷嘴，负压喷嘴的前半部分外径一致，后半部分外径呈由前向后收缩结构；按照由前向后的顺序排列，位于前方喷嘴后端口的外壁结构和其后部与其邻近喷嘴的内壁结构相配合；在相邻的两个喷嘴中，位于前方喷嘴的外壁和与其相邻的喷嘴前端口之间形成流体空间；位于前方喷嘴的外壁和与其相邻喷嘴的内壁之间形成工作喷口；喷嘴均与主轴的中心孔相贯通；水平筒的上部筒壁上开有与每个流体空间相贯通的进油口，口上设有进油口密封头；水平筒的外侧壁上还设有与喷雾口最后一个进油口相贯通的高效喷雾器。

水平筒的下方还设有一个排列方向与主轴轴线方向平行的丝杠，丝杠上设有丝杠螺母；支撑架分别通过设在丝杠螺母两端的支撑轴和套筒设置在丝杠上；支撑轴和套筒分别与丝杠螺母的两侧固定连接；支撑轴转动设置在支撑架的竖直支架上；丝杠通过进给电动机驱动；进给电动机与主轴钻杆电动机分别通过一个控制装置与脉冲发生器相连接。

水平筒外侧壁上未设置高效喷雾器的部分设有散热片水循环以及自冷式负压抽屑箱散热结构部分。所述轴承组包括由前向后排列的角接触球轴承和径向推力球轴承；角接触球轴承和径向推力球轴承之间设有第一轴承挡环，径向推力球轴承和前喷嘴之间设有第一轴承挡环。

水平筒两个侧壁为中空结构，内部设有循环水道，水平筒的侧壁上设有与循环水道相连通的水管接头，水管接头连接有连接水管。钻头是通过弹性夹头和钻杆夹紧座固定在主轴的前端口；所述主轴的前端口直径大于内部直径，所述弹性夹头的后部固定设置在主轴前端口内且将钻头夹住，所述钻杆夹紧座的后部与主轴的外壁固定，钻杆夹紧座的前部将弹性夹头位于主轴外部的部分夹住。

后喷嘴与水平筒内壁之间设有连接法兰；后喷嘴、连接法兰以及水平筒三者之间通过止转销相固定；连接法兰位于水平筒外部的后端面上固定有止移盘；后喷嘴位于水平筒外部的外壁上套设有调整螺母，调整螺母的外端面上固定设有拧紧螺母。

多级负压结构的操作过程如下。首先开启深孔加工整个油路，在整个油路形成回流的基础上，通过流量计、调速阀控制第一级回路流量的大小，拧动旋转螺母控制第一级的负压间隙，得到第一级的最佳负压效果；保持第一级负压流量大小及第一级负压喷嘴的位置不变，开启控制分流腔的流量计和调速阀，排出大部分混合液；开启下一级的流量计和调速阀调节下一级的流量大小，重复上述操作，通过多级喷射实现减小切削液入口压力，提高深孔直线度的目的。

如图7.18(e)所示为多级负压喷嘴结构示意图。负压喷嘴在平行于水平筒轴线的竖直面剖开后的后半部分轮廓呈凸锥圆滚面。前半部分内壁呈凹锥圆滚面，位于前部负压喷嘴的凸锥圆滚面和相邻负压喷嘴的凹锥圆滚面之间的间隙形成工作喷口，用凸、凹锥圆滚面代替圆锥面利于提高切削液的流动速度；负压喷嘴内部由前向后分为内径逐渐减小的接收室、内径等大的混合室以及扩散室，这样可以减小能量射流间能量交换时所带来的能量损失。水平筒内壁下部位于前后喷嘴之间的部分沿水平筒轴线设有凸起导轨，每个负压喷嘴的下部外壁均开有与导轨相配合的导轨架；负压喷嘴通过导轨架在导轨上滑动；每个负压喷嘴的上部外壁上均开有前后贯通的凹槽，凹槽的一条槽边上水平设有齿条；水平筒的上部侧壁上与每个中喷嘴凹槽相对应的位置上均开有螺孔，螺孔内竖直设有齿轮轴杆。齿轮轴杆上端位于水平筒外且设有旋转螺母，齿轮轴杆下端与中喷嘴的齿条相啮合；这样可以通过拧动旋转螺母调节负压喷嘴之间的空隙，从而改变喷嘴的截面比，达到最佳截面条件；同时，负压结构中的分流室可以引走级与级间的大量混合液体，提高工作流的单位工作能力。

7.8.2 多级负压腔内部流体分析

根据多级负压喷嘴串联的特点，为方便分析建立了如图7.19所示的三级负压喷嘴的三维视图。根据布尔运算法则，利用负压结构内腔空间与负压喷嘴空间求补，得到了多级负压腔内部流体形态，如图7.20所示。可知多级负压腔中三维流体为相互贯通的整体，一部分流体的运动形态发生改变就会影响其余流体状态的分布规律。

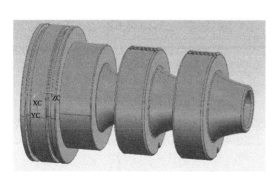

图7.19 三级负压喷嘴的三维视图

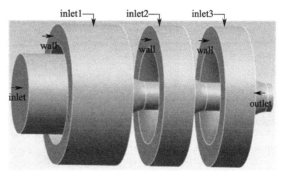

图7.20 三级负压腔内流体形态

设计的负压喷嘴的参数为负压腔内径为 ϕ100mm，负压喷嘴的内腔直径为 ϕ15mm，设置 4 个进口：inlet、inlet1、inlet2 和 inlet3 的压力分别为 0MPa、0.6MPa、0.4MPa 和 0.2MPa，其余部分均设定为壁面 wall。利用流体仿真软件仿真得到的压力、速度、流线等云图如图 7.21～图 7.26 所示。

多级负压腔内流体三维压力分布和二维剖视压力云图如图 7.21 和图 7.22 所示，压力最大处发生在一级喷射流体处为 0.6MPa 左右，压力最小处发生在三级混合流体处大小为 -0.5MPa 左右，二级和三级喷射流体间压力在 0.4MPa 和 0.2MPa 左右，但一级混合流体压力和二级混合流体压力逐步减小，甚至达到了负压状态。一级、二级和三级喷射流体间的变化显著，而混合流体间的压力变化不如各级流体的压力梯度变化明显；在混合流体压力逐渐变小的过程中，逐渐产生压力为负值的情况，对前方流体产生了抽吸作用，前方流体因为这种作用本身的流体压力随之减小。这样就可以保证在排屑所需固定压力差的同时，通过增加负压级数，减小切削液的入口压力，进而改善深孔加工的直线度。

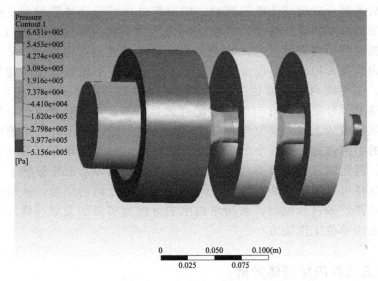

图 7.21　三维压力分布示意

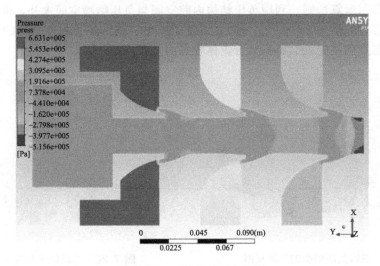

图 7.22　二维剖视压力云图

如图 7.23 和图 7.24 所示为负压腔内流体的三维和二维速度分布云图。可知三级负压结构速度最大处发生在第三级喷嘴负压混合区部位为 1056m/s 处，同时一级负压喷嘴处的速度极大，接近最高速度；但二级、三级负压喷嘴处的速度却相对低一些，最小速度为 0m/s，主要部位在各级负压喷腔内部。负压混合区速度随着负压级数的增加而不断提高，在进口（inlet）区域已经形成 211.2m/s 的局部流场。

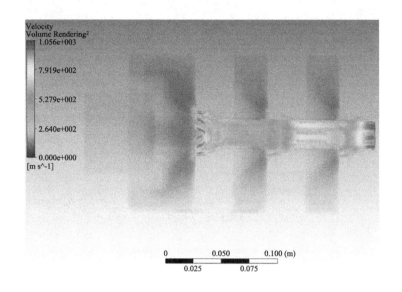

图 7.23　三维速度云图

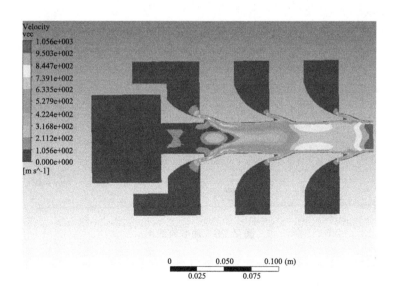

图 7.24　二维速度云图

图 7.25 和图 7.26 为负压腔内速度向量和速度流线图，从中可知，在一级负压混合区内形成了对流的漩涡，将液体的流向改变，这并不利于 inlet 区域切削液的排出，但是二

级与三级混合腔内流体流线平直，速度增加梯度很大，流速增加明显。主要原因是一级喷嘴处切削液速度很高，与处于缓慢流动状态的 inlet 区域内的液体碰撞，产生涡流，可以参照二级、三级流场流体的状态，使 inlet 区域的流体有一定初速度，同时降低一级喷嘴处的压力。

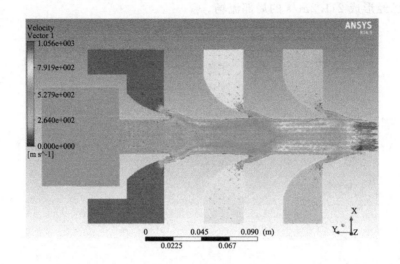

图 7. 25　负压腔内速度向量

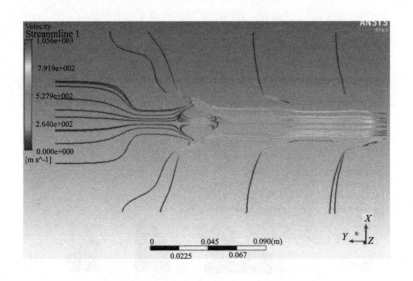

图 7. 26　速度流线图

图 7.27 和图 7.28 为三级负压结构流体流线图和湍流动能分布云图，从中可知，负压喷嘴腔内流线稀疏而负压混合腔内流线密集，这反映了负压混合腔内流体的流量大于负压喷嘴腔内流体的流量；在一级喷嘴混合腔处湍流动能分布紊乱，这是由于在此处产生了漩涡所致，第二级、第三级负压混合区域能量分布逐渐提高；第一级、第二级之间颜色变化不如第二级、第三级颜色变化明显，说明第一级、第二级之间能量转换的效率不如第二级、第三级之间的效率高。

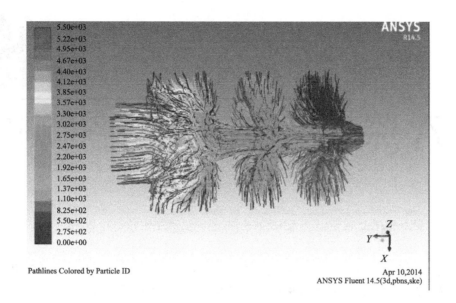

图 7.27 三级负压结构流体流线图

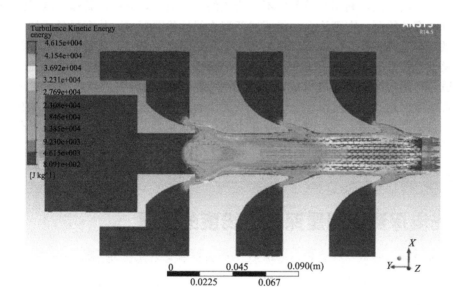

图 7.28 湍流动能分布云图

第**8**章

BTA 深孔直线度光电精密检测方法

深孔直线度检测受制于内部空间的限制，难度很大，目前常用的深孔直线度测量方法有截距法、塞规法、全息法、臂杆法及基于散射场原理的电容传感器法等；空间直线度的评定方法有简易算法、两端点连线法、最小包容四棱柱法和最小包容区域法等；以上测量或评定方法，不同程度地存在着精度不高或者计算量大的缺点，不易于推广和使用。

本章基于光电原理，利用光敏元件不同位置的感光效应，对应得到输出电压的变化，实现对深孔直线度的检测。在理论上，将阐述新型直线度检测模型，从有限微元的角度考虑因微平移和微转动造成实际几何中心与理论几何中心之间的偏差，并通过数学方法构建深孔直线度检测模型，精确、完整地描述深孔直线度的水平。基于弹簧-振子模型和锥面定心原理，设计有自适应功能的深孔直线度机械-光电检测装置，通过融合多领域技术，实时显示深孔轴线及其直线度误差，完成对深孔直线度高精度检测。使用激光准直仪法测量深孔不同截面圆的圆心，得到实际孔中心线上测点的样本空间，通过拟合实际测点，得到理想孔中心线空间直线方程，最后利用最小二乘原理评定深孔直线度，这种方法计算简单、便于应用。

8.1 光电探测器测量深孔直线度的原理

利用最小二乘法对深孔空间直线度误差进行测量时可分为六步：分离操作、提取操作、拟合操作、集成操作、构造操作和评估操作，其实现过程如图 8.1 所示。其中，分离操作是指从被加工工件获得所需测量深孔的操作；提取操作是指从一个被测深孔表面上提取一系列特征点的操作；拟合操作是依据"不在一条直线上的三点构成一个圆的准则"，利用一系列实际测点逼近理想圆的操作；集成操作是将理想圆的所有圆心结合在一起，形成一个空间点集合的操作；从所得到的理想圆心全部要素中建立新的最小理想直线的操作叫作构造操作，其实质是对被构造理想直线进行求交集的操作，如两个平面的构造，形成一条线；评估操作是确定深孔直线度误差值以及误差范围的一种操作。

为完成以上深孔直线度测量所必备的要素，将深孔直线度检测装置主要分成了激光准直仪、光电探测器和计算机 3 个主要组成部分。激光准直仪发射平行光，入射到光电探测器形成光斑；不同光斑对应不同的光电信号；信号输出到计算机，经处理得到不同的深孔直线度。

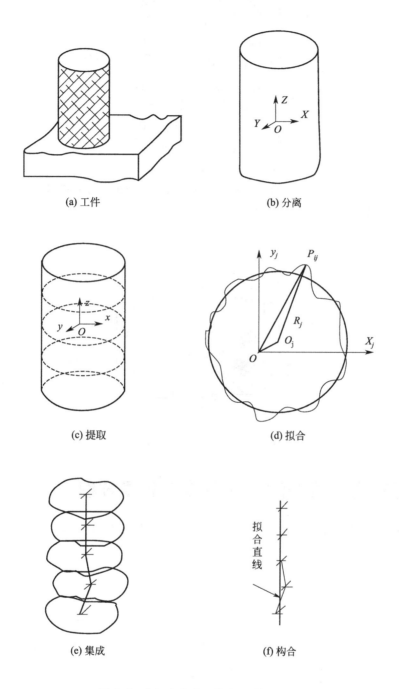

(a) 工件　　　　　　(b) 分离

(c) 提取　　　　　　(d) 拟合

(e) 集成　　　　　　(f) 构合

图 8.1　空间直线度误差光电检测过程

　　光电探测器是由 4 个性能、大小完全相同的光电池对称分布组成，每个象限占据 1/4 光敏面板面积，如图 8.2 所示。测量时，由于存在直线度误差，光斑中心会在 x 和 y 方向上产生 Δx_i 和 Δy_i 的偏移量，改变了 4 个象限上的光斑面积。不同的光斑面积产生不同的电压信号，光斑中心偏移量正比于 4 个象限的入射光斑面积。

　　光斑中心的偏移量可表示为

$$\begin{cases} \Delta x_i = k_x \dfrac{(S_A + S_D) - (S_B + S_C)}{S_A + S_B + S_C + S_D} \\[2mm] \qquad = k_x \dfrac{(V_A + V_D) - (V_B + V_C)}{V_A + V_B + V_C + V_D} = k_x E_{xi} \\[2mm] \Delta y_i = k_y \dfrac{(S_A + S_B) - (S_C + S_D)}{S_A + S_B + S_C + S_D} \\[2mm] \qquad = k_y \dfrac{(V_A + V_B) - (V_C + V_D)}{V_A + V_B + V_C + V_D} = k_y E_{yi} \end{cases} \qquad (8.1)$$

式中，V_A、V_B、V_C、V_D 为探测器各象限输出的信号电压；S_A、S_B、S_C、S_D 为探测器各象限光斑面积；E_{x_i}、E_{y_i} 为探测器在 x 和 y 方向上输出的电势差信号；k_x、k_y 为常量，通过标定得到。

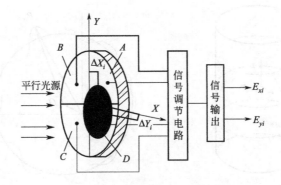

图 8.2　光电探测器工作原理图

8.2　基于光电原理的深孔直线度测量方程

由于光电探测器位置的变化，光斑在光敏面板上会出现四种形态，分别如图 8.3～图 8.6 所示。

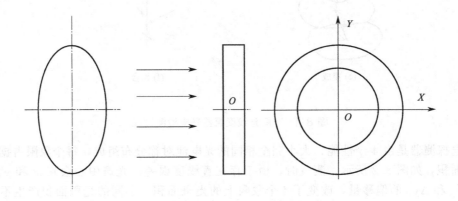

图 8.3　初始光斑形态及位置

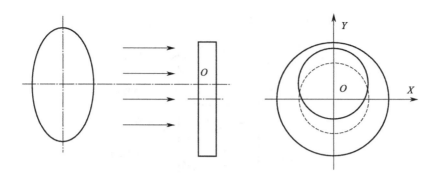

图 8.4 光敏面板发生平移

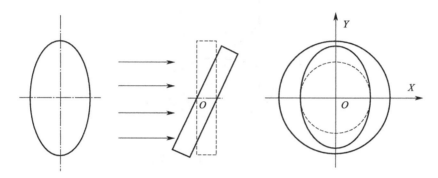

图 8.5 光敏面板发生转动

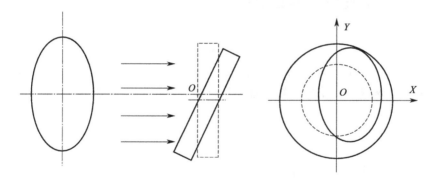

图 8.6 光敏面板既平移又转动

上述情况可用两空间向量 k 与 j 的位置关系表示，如图 8.7 所示。在 z 轴上取单位向量 $k(0, 0, 1)$ 为参照孔中心线方向，在实际孔中心线上任取一点 $p(x_i, y_i, z_i)$，其单位方向向量为 $j(a, b, c)$。

向量 $j(a, b, c)$ 与向量 $k(0, 0, 1)$ 存在以下关系：

① j 与 k 重合，光斑形式如图 8.3 所示。光斑中心坐标为 $(0, 0, z_i)$，在光敏面板上的形状为圆形，方程式为

$$x^2 + y^2 = r^2 \tag{8.2}$$

光斑中心在光敏面板上的位移变化量为 0。

② j 与 k 平行，光敏面板上光斑为圆形，如图 8.4 所示。光斑形状没有发生变化，但是光斑中心的坐标由 $(0, 0, z_i)$ 变为 (x_i, y_i, z_i)，光敏面板上光斑方程式变为

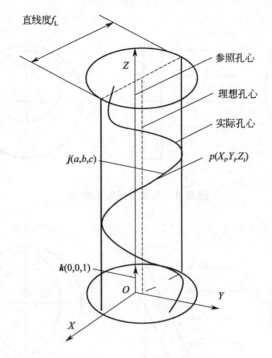

图 8.7　空间直线度评定模型

$$(x-x_i)^2+(y-y_i)^2=r^2 \tag{8.3}$$

光斑中心在光敏面板上的位移变化为

$$\begin{cases} x_i=kE_{x_i} \\ y_i=kE_{y_i} \end{cases} \tag{8.4}$$

③ j 与 k 相交，光斑中心坐标为 $(0,0,z_i)$，位置未发生变化，但是形状变为椭圆，如图 8.5 所示。假设椭圆长半轴、短半轴和平行圆光源的半径分别为 m、n 和 r，在光敏面板上的椭圆方程式为

$$\frac{y^2}{m^2}+\frac{x^2}{n^2}=1(m>n>0) \tag{8.5}$$

沿着坐标轴方向光斑的位移变化为

$$\begin{cases} x_i=n-r=k_xE_{xi} \\ y_i=m-r=k_yE_{yi} \end{cases} \tag{8.6}$$

假设光斑绕 x 轴做旋转运动，椭圆的短半轴的长度等于平行光源的半径，即 $n=r$。假设 j 与 k 的夹角为 ϕ，则椭圆长轴与平行光源间的夹角也为 ϕ：

$$\cos\phi=\frac{r}{m}=\frac{r}{r+k_yE_{yi}} \tag{8.7}$$

即

$$\phi=\arccos\frac{r}{r+k_yE_{yi}} \tag{8.8}$$

④ j 与 k 互异，光斑中心的坐标为 (x_i,y_i,z_i)，在光敏面板上形状为椭圆，如图 8.6 所示。假设椭圆长半轴和短半轴分别为 m、n，光敏面板上的椭圆方程式为

$$\frac{(y-y_i)^2}{m^2}+\frac{(x-x_i)^2}{n^2}=1(m>n>0) \tag{8.9}$$

令 $y_t = y - y_i$，$x_t = x - x_i$，则椭圆方程式可化为

$$\frac{y_t^2}{m^2} + \frac{x_t^2}{n^2} = 1 \quad (m > n > 0) \tag{8.10}$$

式（8.10）是 $\boldsymbol{j}$ 与 $\boldsymbol{k}$ 互异的情况，此时沿着坐标轴方向光斑的位移变化为

$$\begin{cases} x_t = n - r = k_x E'_{xti} \\ y_t = m - r = k_y E'_{yti} \end{cases} \tag{8.11}$$

如图 8.8 所示，当检测装置旋转 ϕ 角度时，在光源入射方向上，平行光线与入射光斑投影的夹角为

$$\cos\phi = \frac{S_{平行光源}}{S_{椭圆光斑}} = \frac{\pi r^2}{\pi ab}, \quad \phi = \arccos\frac{r^2}{ab} \tag{8.12}$$

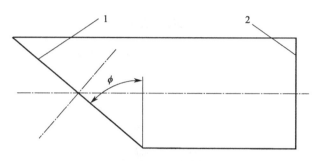

图 8.8 入射光斑和平行光线夹角关系图
1—入射光斑投影；2—平行光线投影

装置微转动是以十字中心为基点进行的，因此，得到的椭圆光斑短半轴长度等于平行光源区域半径 r，即 $b = r$。

检测时，计算机可通过处理光电信号，实时反映面板上接收的光斑形状及位置，对于长半轴 a，根据两点距离公式：

$$d_{AB} = \sqrt{(x_A - x_B)^2 + (y_A - y_B)^2} \tag{8.13}$$

通过寻求式（8.13）的最大值，可得长半轴为

$$a = \sqrt{(x_M - x_0)^2 + (y_M - y_0)^2} \tag{8.14}$$

其中，椭圆中心坐标为 $O(x_0, y_0)$，最大值点坐标为 $M(x_m, y_m)$。

因此

$$\phi = \arccos\frac{r}{\sqrt{(x_M - x_0)^2 + (y_M - y_0)^2}} \tag{8.15}$$

$\boldsymbol{j}$ 与 $\boldsymbol{k}$ 夹角为 $\phi = \arccos[r/(r + k_y E_{yt})]$。

因 $y_t = y - y_i$，$x_t = x - x_i$，为 $\boldsymbol{j}$ 与 $\boldsymbol{k}$ 平行的情况，此时光斑中心在光敏面板上的位移变化为

$$\begin{cases} x'_t = k_x E''_{xti} \\ y'_t = k_y E''_{yti} \end{cases} \tag{8.16}$$

沿着坐标轴方向光斑的位移变化为

$$\begin{cases} x_i = x_t + x'_t = k_x E_{xi} \\ y_i = y_t + y'_t = k_y E_{yi} \end{cases} \tag{8.17}$$

使用最小二乘法来评定深孔直线度时，是利用最小二乘轴线代替理想孔中心线。光斑中心的位移变化量 (x_i, y_i, z_i) 实际上是实际孔中心线上测点的样本空间，利用最小二乘法原理拟合样本空间中的测点可得到的理想孔中心线的轨迹。取理想孔中心线与 xOy 坐标平面的交点为 $A_0(x_0, y_0, 0)$，其方向数为 $\boldsymbol{n}(\mu, \nu, 1)$，则理想孔中心线的方程式为

$$\frac{x_i' - x_0}{\mu} = \frac{y_i' - y_0}{\nu} = \frac{z_i}{1} \tag{8.18}$$

实际孔中心线上的任意测点 $p(x_i, y_i, z_i)$ 到理想孔中心线的距离为

$$d_i = \frac{\left\| \begin{matrix} i & j & k \\ x_i' - x_0 & y_i' - y_0 & z_i \\ \mu & \nu & 1 \end{matrix} \right\|}{\sqrt{\mu^2 + \nu^2 + 1}} \tag{8.19}$$

由最小二乘法原理，参数 x_0、y_0、μ、ν 必须满足：

$$J(x_0, y_0, \mu, \nu) = \sum_{i=1}^{n} (d_i)^2 \rightarrow \min \tag{8.20}$$

即

$$\begin{cases} \dfrac{\partial J}{\partial x_0} = 0 & \dfrac{\partial J}{\partial y_0} = 0 \\ \dfrac{\partial J}{\partial \mu} = 0 & \dfrac{\partial J}{\partial \nu} = 0 \end{cases} \tag{8.21}$$

可求得

$$\begin{cases} x_0 = \dfrac{\displaystyle\sum_{i=1}^{n} x_i}{n} & y_0 = \dfrac{\displaystyle\sum_{i=1}^{n} y_i}{n} \\ \mu = \dfrac{\displaystyle\sum_{i=1}^{n} x_i z_i}{\displaystyle\sum_{i=1}^{n} z_i^2} & \nu = \dfrac{\displaystyle\sum_{i=1}^{n} y_i z_i}{\displaystyle\sum_{i=1}^{n} z_i^2} \end{cases} \tag{8.22}$$

将式(8.16)、式(8.21) 代入式(8.18) 可得到理想孔中心线的方程式：

$$\begin{cases} x_i' = \dfrac{\displaystyle\sum_{i=1}^{n} k_x E_{xi}}{n} + \dfrac{\displaystyle\sum_{i=1}^{n} k_x E_{xi} z_i^2}{\displaystyle\sum_{i=1}^{n} z_i^2} \\ y_i' = \dfrac{\displaystyle\sum_{i=1}^{n} k_y E_{yi}}{n} + \dfrac{\displaystyle\sum_{i=1}^{n} k_y E_{yi} z_i^2}{\displaystyle\sum_{i=1}^{n} z_i^2} \end{cases} \tag{8.23}$$

将式(8.17)、式(8.23) 代入式(8.19) 可得到任意测点 $p(x_i, y_i, z_i)$ 到理想孔心线的距离为

$$d_i = \frac{\begin{vmatrix} i & j & k \\ \sum\limits_{i=1}^{n} k_x E_{xi} z_i^2 / \sum\limits_{i=1}^{n} z_i^2 & \sum\limits_{i=1}^{n} k_y E_{yi} z_i^2 / \sum\limits_{i=1}^{n} z_i^2 & z_i \\ \sum\limits_{i=1}^{n} k_x E_{xi} z_i / \sum\limits_{i=1}^{n} z_i^2 & \sum\limits_{i=1}^{n} k_y E_{yi} z_i / \sum\limits_{i=1}^{n} z_i^2 & 1 \end{vmatrix}}{\sqrt{(\sum\limits_{i=1}^{n} k_x E_{xi} z_i / \sum\limits_{i=1}^{n} z_i^2)^2 + (\sum\limits_{i=1}^{n} k_y E_{yi} z_i / \sum\limits_{i=1}^{n} z_i^2)^2 + 1}} \tag{8.24}$$

如图 8.8 所示，以空间理想孔中心线为几何中心，包容实际孔中心线上的各测点且直径最小的圆柱体直径就是被测实际孔中心线的直线度。

$$f_{\mathrm{L}} = 2\min(\max(d_i)) \tag{8.25}$$

$$f_{\mathrm{L}} = 2\min\left(\max\left(\frac{\begin{vmatrix} i & j & k \\ \sum\limits_{i=1}^{n} k_x E_{xi} z_i^2 / \sum\limits_{i=1}^{n} z_i^2 & \sum\limits_{i=1}^{n} k_y E_{yi} z_i^2 / \sum\limits_{i=1}^{n} z_i^2 & z_i \\ \sum\limits_{i=1}^{n} k_x E_{xi} z_i / \sum\limits_{i=1}^{n} z_i^2 & \sum\limits_{i=1}^{n} k_y E_{yi} z_i / \sum\limits_{i=1}^{n} z_i^2 & 1 \end{vmatrix}}{\sqrt{(\sum\limits_{i=1}^{n} k_x E_{xi} z_i / \sum\limits_{i=1}^{n} z_i^2)^2 + (\sum\limits_{i=1}^{n} k_y E_{yi} z_i / \sum\limits_{i=1}^{n} z_i^2)^2 + 1}}\right)\right) \tag{8.26}$$

基于最小二乘法的深孔直线度误差检测流程如图 8.9 所示。

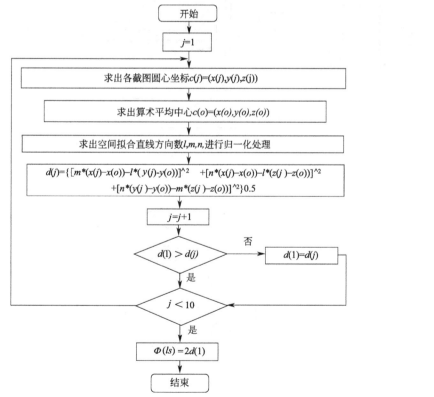

图 8.9 最小二乘法流程

求出 C 点的坐标就是求出各个测量截面的中心点，将各个测量截面中心点依次连接就可以得到实际孔轴线。通过直接连接得到的轴线实际上是一条空间折线，和实际孔轴线相差较大，如果取得点的足够多就可以近似地得到实际孔轴线。

8.3 深孔直线度的测量实验

8.3.1 深孔直线度检测装置的原理及结构

深孔直线度光电检测装置如图 8.10 所示。T 形拉杆穿过楔形体、套筒，经柔性拉绳、定滑轮、滚筒与电动机 M 相连；楔形件周向 120°均分于工件孔壁上，与楔形体相互接触，同时与杠杆系中部铰接；杠杆系两侧装有滚动钢珠；楔形体用防转销钉固定于套筒上；光电探测器安装于隔离板上，隔离板固定在套筒上，计算机与光电探测器相连。

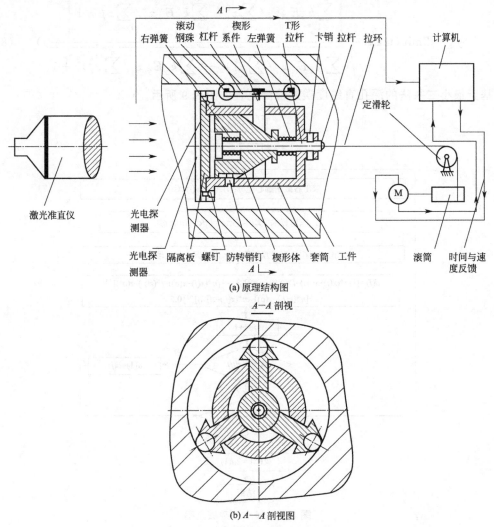

(a) 原理结构图

$A—A$ 剖视

(b) $A—A$ 剖视图

图 8.10 深孔直线度光电检测装置

检测前，将激光准直仪对准光电探测器，标定参照孔中心线的位置，调节 T 形拉杆，通过弹簧的相互作用，楔形件与楔形体将相互滑动，实现楔形件伸出臂长度的变化；利用三点定心原理，主动适应被测孔径；插入卡销固定 T 形拉杆，使套筒内部各零件组成一个独立于外部牵引的动态平衡系统。检测时，电动机驱动滚筒转动，使四象限探测器机构沿孔中心移动，形成实际孔中心线；若孔径小幅度变化，滚动钢珠受到孔壁压力将发生变化，在两个压缩弹簧作用下，楔形件与楔形体相对运动，从而使钢珠始终与孔内壁贴紧，自动适应孔径大小的变化，完成对实际孔中心线测点的连续无损采集；最终得到理论孔中心线的方程，并实时显示深孔直线度误差。

8.3.2 测量系统的组成

8.3.2.1 激光发射器

如图 8.11 所示，激光发射器主要用来发射一道激光束，但激光光源发射出的激光束，不具有收敛性，比较发散，照射在 PSD 位置信号传感器上不会形成光斑。利用激光准直仪完成激光的准直、扩束等功能，将发散的激光束准直成平行光束。作为 PSD 位置信号传感器的检测光源，将激光器固定在可调支撑架上，可将内径中心位置的变化转化为光束的变化，最终将光信号的变化转化为电压信号的变化。

8.3.2.2 PSD 位置信号传感器

PSD 位置信号传感器是位置敏感检测器，光电装置所用的该传感器是由两个具有均匀阻抗表面组成的 PIN 光电二极管，它的基底分成四节，光斑如果停在中心位置，对称的光斑会在所有的节上产生相等的光电流。通过测量各节的输出电流，可以得到相对应的位置信息（图 8.12）。

8.3.2.3 图像采集卡与计算机

如图 8.13(a)，(b) 所示为装置的图像采集卡与计算机。图像采集卡又被称为图像捕捉卡，其主要功能是将数字信号采集到电脑中，并以数据文件的形式保存在硬盘里，完成模拟量和数字量的输入、输出；数据采集和数据处理都是通过它来进行传输的，可以理解为 PSD 与电脑之间的接口。

图 8.11 激光发射器

图 8.12 PSD 位置信号传感器装置

(a) 图像采集卡

(b) 计算机

图 8.13　图像采集卡与计算机

8.3.2.4　光源固定装置

如图 8.14 所示为 PLC 电动机控制板，图 8.15 为测量过程中所用到的光源固定装置。

图 8.14　PLC 电动机控制板

图 8.15　光源固定装置

实验的总体方案：本实验采用工件为 45 钢，加工深孔尺寸为 $\phi 30\text{mm} \times 1200\text{mm}$，以研究在不同加工深度、钻杆与孔壁间隙、钻杆偏心率、转速、涡动速度、挤压速度及入口压力条件下深孔的直线度。本实验采用 PSD 深孔直线度测量装置进行测量，实验部分实物如图 8.16（a）、（b）所示。实验设定了多组入口压力，在相同的自转速度、涡动速度和挤压速度下，进行单因素测量实验分析，共测量了近百组深孔直线度尺寸。

(a) SFD实物

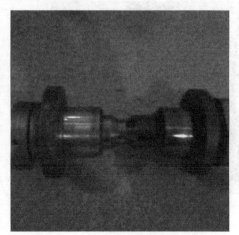
(b) 负压喷嘴实物

图 8.16　实验部分实物

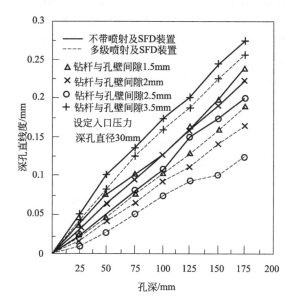

图 8.17 钻杆与孔壁间隙对深孔直线度的影响

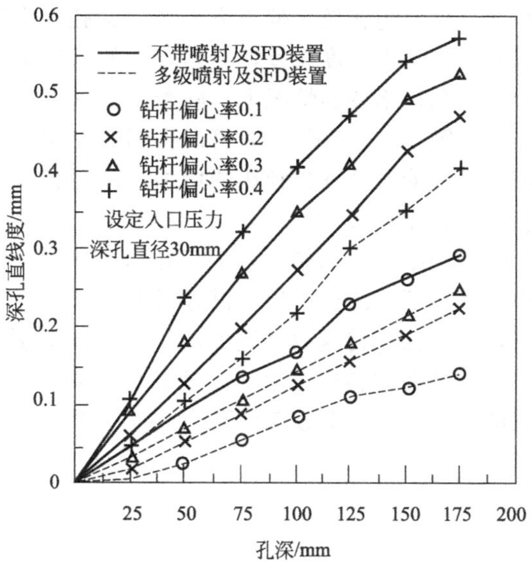

图 8.18 钻杆偏心率对深孔直线度的影响

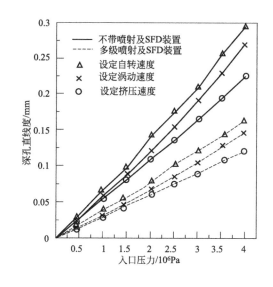

图 8.19 入口压力对深孔直线度的影响

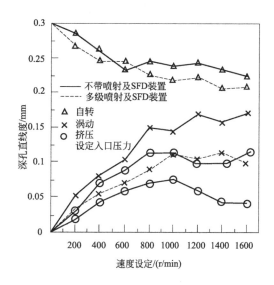

图 8.20 钻杆转速对深孔直线度的影响

从实验结果可知（图 8.17），深孔直线度并不是随着钻杆与孔壁间隙的增大而增大的，钻杆与孔壁间有一个最佳的间隙取值范围。对于直径为 φ30mm 的深孔加工来说钻杆与孔壁间隙在 2.5mm 为最佳选择，当间隙小于 2.5mm 或过多时，切削液的扰动会造成直线度误差增大，当间隙大于 2.5mm 或过大时，钻杆的刚度将受到较大影响，从而促使深孔直线度误差增加。多级负压与 SFD 装置可以很好地改善深孔加工因为钻杆与孔壁间隙对深孔直线度的影响。

如图 8.18 所示为实验得到的钻杆偏心率对深孔直线度的影响规律，可知深孔直线度误差随着钻杆偏心率的增加而不断增加；在较大的偏心率作用下，深孔直线度误差增加的幅度很大，应避免在较大偏心率下加工深孔。多级负压结构与 SFD 装置可以很好地改善因钻杆偏心产生的直线度误差，但是较大的钻杆偏心率对深孔直线度误差的影响是不能被抵消的。

在孔径不变的情况下，随着加工深度的增加，钻杆在切削液中的长径比也在增加。进一步分析图 8.17 和图 8.18 可以得到，在相同钻杆与孔壁间隙或者相同钻杆偏心率的作用下，随着切削液中钻杆长径比的增加，深孔直线度误差随之增加，即加工长度越长，深孔加工的直线度误差越大。

实测结果分别如图 8.19 和图 8.20 所示，随着入口压力的减小，深孔直线度误差逐渐减小；多级喷射结构可通过减小流体入口压力，显著减小深孔直线度误差；在稳定加工状态下，深孔钻杆转速对直线度的影响最大，其次是涡动速度，最后是挤压速度；SFD 通过减小钻杆的涡动和挤压运动，显著减小深孔加工直线度误差，多级负压结构则通过减小深孔加工的入口压力也会改善深孔直线度误差。

第 **9** 章

基于压电原理的 BTA 深孔直线度主动纠偏技术

钻杆的涡动失稳会对深孔加工的精度和机床刀具产生较大影响，因此对 BTA 深孔钻杆系统的涡动控制也是我们研究的主要内容之一。将压电主动控制技术应用于钻杆系统上，可实现对钻杆的减振和消振，从而最大程度提高 BTA 深孔加工的精度。

BTA 深孔钻杆的涡动现象在一定程度上对深孔加工的精度和刀具磨损有很大影响，在研究涡动机理和分析涡动影响因素的同时，也要对涡动现象进行控制，特别是对于涡动失稳现象的控制。振动控制方法包括主动控制、半主动控制和被动控制等，BTA 深孔钻杆系统属于柔性转子振动控制领域，利用主动控制技术，能比半主动控制更能实现最优控制力，具有线性、效果好和快速、稳定性特点。结合钻杆结构，压电主动控制又是一种比较高效的控制方法。

9.1 压电材料及压电机理

压电控制技术是近年来主动控制技术应用的又一新高潮，可将压电材料的压电效应特殊性与主动控制系统结构结合起来，从而使主动控制技术又迈上一个新台阶。目前用的比较多的压电材料是压电陶瓷。利用压电陶瓷这种受外力就会在其表面产生电荷的特性，其电荷量与外力大小有关。压电效应是力与信号的交换，因此在控制系统中，压电即起到接收信号的作用，也起着执行动作的作用。如今被发现的具有压电现象的材料已经有一百多种。理论上大家将压电材料分为压电陶瓷、有机压电材料和压电复合材料三类，而压电陶瓷使用最为广泛。

考虑经济性和实用性，选择压电陶瓷（PZT）作为压电研究材料。

压电陶瓷的压电效应比较明显，本身的晶体结构受到机械外力作用时，会发生一定的变形，从而引发表面产生相对异种电荷，这叫作正压电效应。在正压电效应中，当压力与极化方向（电荷运动方向）平行时，如图 9.1 (a) 所示，陶瓷会产生如虚线所示的变形，片内的正束缚电荷与负束缚电荷的间距变小，极化强度相应减小；当压力消失后，束缚间距开始变大，极化强度也变大，因而又会出现一部分自由电荷而使压电片充电，压电控制中的传感器即是产生正压电效应。相反，当向材料施加电场时，会发生机械变形，会随电场伸缩振动，此现象叫作逆压电效应，压电控制中的执行器也就是利用此逆压电效应。因此，由正、逆压电效应可知，压电陶瓷具有电能与机械能的转换功能，如图9.1（b）所示。

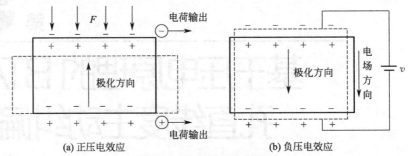

(a) 正压电效应　　　　　　　　　　　(b) 负压电效应

图 9.1 纵向压电效应机理

因此，由于压电片的自发极化，只要有外部因素作用（力或电场），压电片就会产生压电效应，这里的电荷并非自由电荷，而是束缚于压电片内的极化电荷。对于本文钻杆压电系统，由于钻杆类似于一悬臂杆结构，主要是利用压电的横向压电，该机理如图9.2所示。

钻杆偏心会发生弯曲变形，由材料力学知道会在杆轴向上产生弯曲正应力，致使附属于其上的压电片在杆轴向上发生应变，从而使其产生压电效应，如图9.3所示。

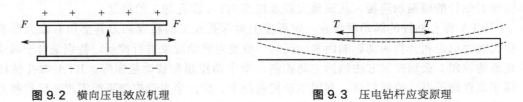

图 9.2 横向压电效应机理　　　　　　　　　**图 9.3** 压电钻杆应变原理

9.2 压电钻杆控制系统方程

9.2.1 压电传感和致动方程

如图9.4所示是BTA钻杆的压电控制模型。钻杆外孔壁上均布4块压电片，压电传感结构和压电致动结构对贴于钻杆的直径上，两者相互对称。设钻杆的有效长度为L，直径和内孔直径分别为D和d，x_1、x_2表示压电片两端到驱动端的距离，压电陶瓷片长度、有效宽度和厚度分别为L_b、b和t_b。假定压电片和钻杆外壁粘贴良好，不会脱落，同时不考虑压电片对钻杆系统特性的影响。

(1) 压电传感结构分析

由材料力学关于杆结构弯曲正应力和小变形微分方程分析，可以得到

$$\begin{cases} T_1(x,t) = \dfrac{DE}{2\rho_b} \\[2mm] \dfrac{1}{\rho_b} = \dfrac{\partial^2 y(x,t)}{\partial x^2} \end{cases} \tag{9.1}$$

式中，T_1为压电片在沿x方向的轴向应力；ρ_b为压电陶瓷片变形的曲率半径；E_b为压电陶瓷片的弹性模量。

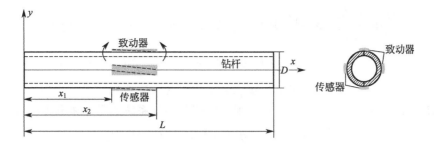

图 9.4 BTA 钻杆的压电控制模型

由于压电陶瓷片贴在钻杆壁上，即压电片的应力为钻杆壁表面的应力，则式(9.1) 两项结合得

$$T_1(x,t) = \frac{DE_p}{2} \times \frac{\partial^2 y(x,t)}{\partial x^2} = \frac{DE_b}{2} \sum_{i=1}^{n} \Phi_i'' q_i(t) \qquad (9.2)$$

依据压电陶瓷片的性质，在轴向应力和垂直电场的作用下，电位移的表达式如下：

$$D_3 = \varepsilon_{33} E_3 + d_{31} T_1 \qquad (9.3)$$

对于传感结构，其电场 E_3 为零，即有

$$D_3(x,t) = d_{31} T_1(x,t) = \frac{d_{31} D E_b}{2} \sum_{i=1}^{n} \Phi_i''(x) q_i(t) \qquad (9.4)$$

由于压电片两端距驱动端的距离分别为 x_1、x_2，则压电陶瓷片表面的电荷量：

$$Q(t) = \int_{x_1}^{x_2} D_3(x,t) b \, dx = \frac{bD d_{31} E_b}{2} \sum_{i=1}^{n} \left[\Phi_i'(x_2) - \Phi_i'(x_1) \right] q_i(t) \qquad (9.5)$$

则压电传感结构的表面极间的电压为

$$U_s(t) = \frac{Q(x,t)}{C_b} = \frac{bD d_{31} E_b}{2C_b} \sum_{i=1}^{n} \left[\Phi_i'(x_2) - \Phi_i'(x_1) \right] q_i(t) = \sum_{i=1}^{n} C_i q_i(t) \qquad (9.6)$$

其中：

$$\begin{cases} C_i = K_s \left[\Phi_i'(x_2) - \Phi_i'(x_1) \right] \\ K_s = \dfrac{bD d_{31} E_b}{2C_b} \end{cases} ; C_b \text{ 为压电陶瓷片的电容。}$$

即压电传感器的输出电压为

$$U_s(t) = \sum_{i=1}^{n} C_i q_i(t) \qquad (9.7)$$

(2) 压电致动结构分析

压电致动器在控制系统中也叫作执行器，是在电压作用下，由于逆压电效应而使压电片产生应变。由于压电片紧贴钻杆壁，会对钻杆产生一个力矩作用，致动器力矩表达式为

$$M_a(x,t) = K_a U_a \left[h(x - x_1) - h(x - x_2) \right] \qquad (9.8)$$

式中，$h(x)$ 为赫维赛德阶跃函数；U_a 为控制系统输入给致动器的电压，是随时间变化的；$K_a = b d_{31} E_b (t_b + D)$ 为压电耦合系数。

将式(9.8)代入钻杆的运动微分方程式 (9.9)，则有

$$\int_0^L \Phi_i \frac{\mathrm{d}^2 M_a}{\mathrm{d}x^2}\mathrm{d}x = \int_{x_1}^{x_2} \Phi_i K_a U_a \left[h''(x-x_1) - h''(x-x_2)\right]\mathrm{d}x$$

$$= \int_{x_1}^{x_2} \Phi_i K_a U_a \left[\delta'(x-x_1) - \delta'(x-x_2)\right]\mathrm{d}x$$

$$= K_a U_a \left[\Phi_i'(x_2) - \Phi_i'(x_1)\right] \tag{9.9}$$

可令 $B_i = K_a \left[\Phi_i'(x_2) - \Phi_i'(x_1)\right]$，则压电控制钻杆系统的运动微分方程式可写为：

$$\ddot{q}_i(t) + 2\zeta_i \omega_i \dot{q}_i(t) + \omega_i^2 q_i(t) = B_i U_a \tag{9.10}$$

9.2.2 BTA 钻杆系统压电主动控制的状态方程

建立钻杆系统的状态空间动力学模型，引入状态空间向量，则有

$$\boldsymbol{X}(t) = \{\boldsymbol{q}, \dot{\boldsymbol{q}}\} = \{q_1(t), \cdots, q_n(t), \dot{q}_1(t), \cdots, \dot{q}_n(t)\}^{\mathrm{T}} \tag{9.11}$$

因此，深孔钻杆的状态空间方程为：

$$\begin{cases} \dot{\boldsymbol{X}}(t) = \boldsymbol{A}\boldsymbol{X}(t) + \boldsymbol{B}U_a(t) \\ \boldsymbol{Y}(t) = \boldsymbol{C}\boldsymbol{X}(t) \end{cases} \tag{9.12}$$

其中 $\boldsymbol{Y}(t)$ 为钻杆系统的输出，表示钻杆涡动横向位移；$\boldsymbol{A}$、$\boldsymbol{B}$ 和 $\boldsymbol{C}$ 分别为系统状态矩阵、系统控制矩阵和系统输出矩阵，其具体如下：

$$\boldsymbol{A} = \begin{bmatrix} \boldsymbol{0} & \boldsymbol{I} \\ -\boldsymbol{\Omega} & -2\boldsymbol{\Lambda} \end{bmatrix}, \boldsymbol{B} = \begin{bmatrix} \boldsymbol{0} \\ \bar{\boldsymbol{B}} \end{bmatrix}, \boldsymbol{C} = \begin{bmatrix} \boldsymbol{C}_1 & \boldsymbol{0} \end{bmatrix}$$

$$\boldsymbol{\Omega} = \begin{bmatrix} \omega_1^2 & & & \\ & \omega_2^2 & & \\ & & \cdots & \\ & & & \omega_n^2 \end{bmatrix}, \bar{\boldsymbol{B}} = \begin{bmatrix} B_1 & B_2 & \cdots & B_n \end{bmatrix}^{\mathrm{T}}, \boldsymbol{C} = \begin{bmatrix} \Phi_1(L) & \Phi_2(L) & \cdots & \Phi_n(L) \end{bmatrix}$$

由于计算量大，仅对系统第一阶模态空间内进行运动控制，因此只需知道第一的固有频率 ω_1 和固有振型 $\Phi_1(x)$，以及固有振型的一阶导 $\Phi_1'(x)$。对于本章中所研究的主动控制下钻杆系统运动结构，忽略压电片的影响，其固有频率为

$$\omega_i = \beta_i^2 \sqrt{\frac{EI}{m}} \tag{9.13}$$

其固有振型及一阶导数：

$$\begin{cases} \Phi_i(x) = \sin(\beta_i x) + D_i \cos(\beta_i x) + E_i \sinh(\beta_i x) + F_i \cosh(\beta_i x) \\ \Phi_i'(x) = \beta_i \left[\cos(\beta_i x) - D_i \sin(\beta_i x) + E_i \cosh(\beta_i x) + F_i \sinh(\beta_i x)\right] \end{cases} \tag{9.14}$$

式中，$m = \rho A$，ρ 为单位体积质量，A 为钻杆横截面积。则有

一阶振动模态：$\lambda_1 = 1.875/L$，$D_1 = -0.091$，$E_1 = -1$，$F_1 = 0.091$

由 $B_1 = K_a \left[\Phi_1'(x_2) - \Phi_1'(x_1)\right]$ 可得

$$B_1 = K_a \left[\Phi_1'(x_2) - \Phi_1'(x_1)\right] \tag{9.15}$$

则系统的状态空间方程式可为

$$\begin{bmatrix} \dot{q}_1(t) \\ \ddot{q}_1(t) \end{bmatrix} = \begin{bmatrix} 0 & 1 \\ -\omega_1^2 & -2\xi\omega_1 \end{bmatrix} \begin{bmatrix} q_1(t) \\ \dot{q}_1(t) \end{bmatrix} + \begin{bmatrix} 0 \\ B_1 \end{bmatrix} U_{a1} \tag{9.16}$$

9.2.3 主动控制系统设计

如图 9.5 所示为系统反馈控制原理图，基于二次型最优控制解可以表示为

$$U_a(t) = -KX(t) \tag{9.17}$$

$$K = R^{-1}B^{\mathrm{T}}P \tag{9.18}$$

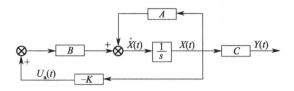

图 9.5 系统反馈控制原理图

结合式（9.17），系统在初始状态时，当初始条件为 X（0）时，则式（9.10）的解为

$$X(t) = \mathrm{e}^{(A-BK)t}X(0) \tag{9.19}$$

令 $J = A - BK$，解出 J 的特征解，依据矩阵理论有

$$\mathrm{e}^{(A-BK)t} = \boldsymbol{T}\begin{pmatrix} \mathrm{e}^{\lambda_1 t} & \\ & \mathrm{e}^{\lambda_2 t} \end{pmatrix}\boldsymbol{T}^{-1} \tag{9.20}$$

式中，λ_1、λ_2 为其特征值；$\boldsymbol{T}$ 为特征向量。

9.2.4 MATLAB 控制仿真

结合钻杆正则模态方程，利用 LQR 控制法对压电钻杆一阶模态做仿真分析。

$$A = \begin{bmatrix} 0 & 1 \\ -\omega_1^2 & -2\xi\omega_1 \end{bmatrix}, B = \begin{bmatrix} 0 \\ B_1 \end{bmatrix}, C = \begin{bmatrix} C_1 & 0 \end{bmatrix} \tag{9.21}$$

利用 MATLAB 软件对控制过程进行仿真编程，其参数为

钻杆系统参数：钻杆材料为 45 钢，弹性模量 $E = 2.1 \times 10^{11}\mathrm{Pa}$；密度 $\rho = 7.9 \times 10^3 \mathrm{kg/m^3}$；长度 $L = 2000\mathrm{mm}$；钻杆外径 $D = 35\mathrm{mm}$；钻杆内径 $d = 24\mathrm{mm}$。

压电陶瓷片的参数：弹性模量 $E_D = 6.3 \times 10^{10}\mathrm{Pa}$；压电常数 $d_{31} = -1.2 \times 10^{-10}\mathrm{C/N}$；厚度 $t_b = 5\mathrm{mm}$；有效宽度 $b = 12\mathrm{mm}$；压电陶瓷的电容率 $E_p = 7.3 \times 10^{-12}$；电容量 $C_p = 5.8 \times 10^{-12}$；另设系统结构阻尼比例阻，$\zeta = 0.1$，初始条件 $X(0) = (0.01, 0)$。

利用 MATLAB 编程，得到压电控制位移轨迹图分别如图 9.6～图 9.8 所示，对比可知，基于 LQR 模态控制的压电主动控制有利于控制钻杆的振动偏心，使 BTA 钻杆系统最终趋于平稳状态；同时还发现，电压输出与钻杆振动偏心大小成正比，即表现在压电片的应变与位移成比例；而应变又与电量成正比。随着压电控制的持续，BTA 钻杆振动偏心幅值不断减小，因而压电传感器接收到的信号不断减弱，从而使系统输出的控制电压不断减小，以便保持钻杆系统的运动平稳。

通过对比图 9.7 和图 9.8，可以看出，增大 LQR 控制法中的权矩阵 Q，能加快钻杆振动偏心衰减；从数据上来看，$Q = [10^3, 0; 0, 10^3]$，$R = 0.001$ 时，反馈增益系数 $K = [0.0456, 15.4994]$，性能指标 $J = 16.9975$；而 $Q = [10^6, 0; 0, 10^6]$，$R = 0.001$ 时，反馈增益系数 $K = [46, 12917]$，性能指标 $J = 14165.5485$；很明显，Q 较大时，能加快振动衰减。

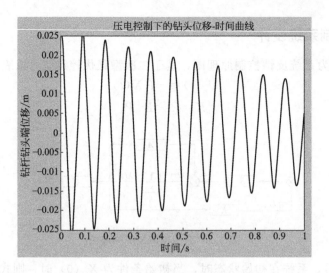

图 9.6 未加控制下的自由阻尼偏心振动

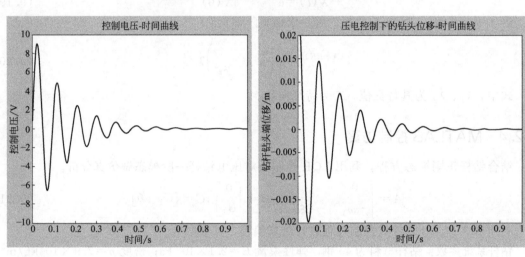

图 9.7 钻杆在施加控制 ($Q=$ [10^3, 0; 0, 10^3]) 仿真结果

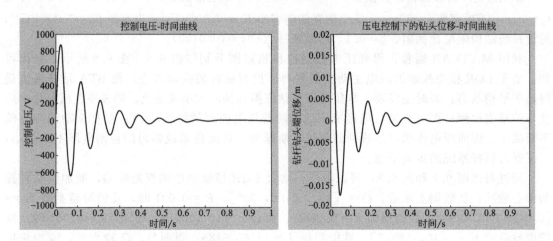

图 9.8 钻杆在施加控制 ($Q=$ [10^6, 0; 0, 10^6]) 仿真结果

9.3 压电钻杆系统的有限元分析

9.3.1 有限元分析方案

钻杆系统是处在不断运动当中，在横向时会产生位移，然而过度的横向位移会对深孔加工的精度产生影响。因此，需要一个控制系统对其进行控制。在压电控制中，压电陶瓷片也叫作压电振子，压电振子的结构必须要与钻杆结构相配合，如图 9.9 所示为压电片控制结构图。

可用 ANSYS 软件进行分析。首先，利用前处理器建立压电陶瓷片模型，然后对给定参数并对其进行网格化分。利用后处理器对仿真分析所需参数如频率等进行设置，运行结果并分析位移云图，并改变模型参数。在相同振动频率下，对比不同尺寸下的位移云图，可得到最优尺寸和最优位置。前面已经通过公式推导、分析其他影响因素对压电传感和致动性能的影响，这里就只分析压电片的固有特性。

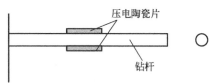

图 9.9 压电片控制结构图

9.3.2 压电片有限元模型及计算

考虑到钻杆的实际结构，压电陶瓷片应贴附在钻杆表面，压电片的长度为 200mm，厚度设为 5mm，内径与钻杆外径相等，其值为 $\phi 17.5mm$，外径为 $\phi 22.5mm$，基体尺寸模型必须与钻杆结构相配合。因此，压电片单元模型如图 9.10 所示。

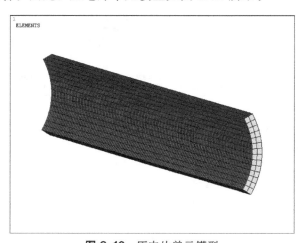

图 9.10 压电片单元模型

通过 ANSYS 后处理器中的 "Solution-Analysis type -New Analysis" 定义分析类型为 Modal（模态），然后在分析选项 "Anlysis Opiton" 中定义对前 5 次的频率的提取，同时选择频率范围 100～1500Hz，最后选计算 "Solve-Current LS"，系统会自动计算并输出结果，如表 9.1 所示。

▫ **表 9.1 压电片振动频率计算结果**　　　　　　　　　　　　　　　　　　　单位：Hz

阶数	1	2	3	4	5
频率	217.984	597.031	726.882	1158.8	1254.2

前五阶位移云图如图 9.11 所示。

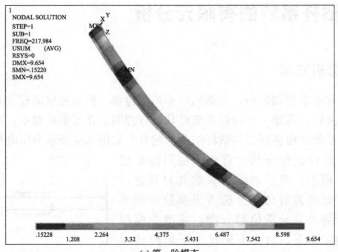

(a) 第一阶模态

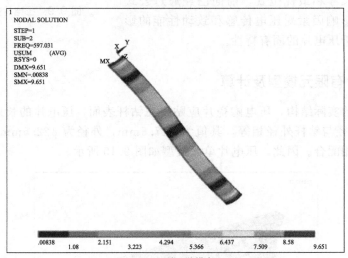

(b) 第二阶模态

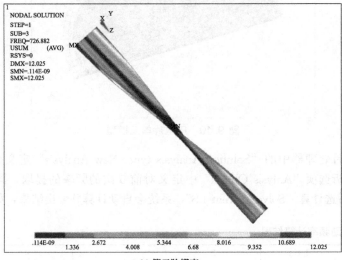

(c) 第三阶模态

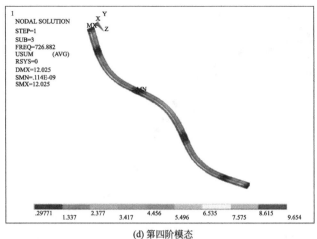

(d) 第四阶模态

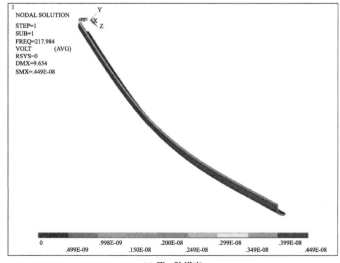

(e) 第五阶模态

图 9.11 压电片的位移云图

将内表面上的电压电位接地，即 $V=0$，则对应各阶模态的电压云图如图 9.12 所示。

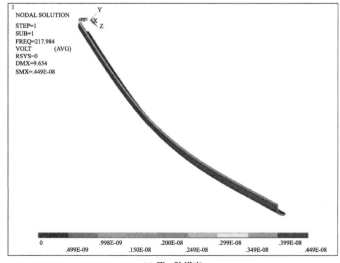

(a) 第一阶模态

图 9.12

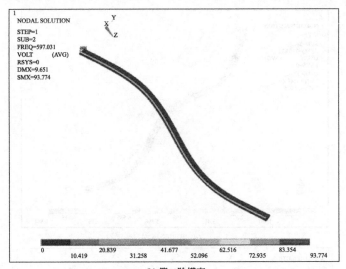

(b) 第二阶模态

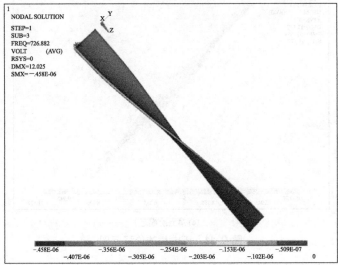

(c) 第三阶模态

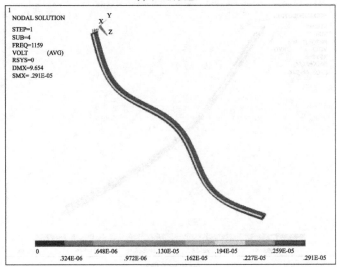

(d) 第四阶模态

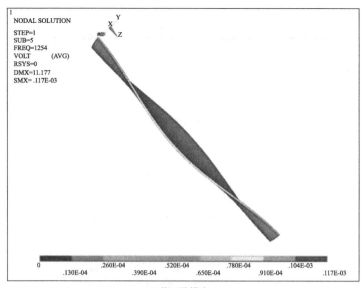

(e) 第五阶模态

图 9.12 压电片的电压云图

从图 9.11、图 9.12 可以看出，第一阶表现为单弯，第二阶为双弯；第三阶和第五阶压电片模态表面为单扭和双扭，第四阶为三弯。其中，第二阶模态产生电压最大，为 93.774V；压电片两端的位移变化最大，压电片四周的位移变化明显比中间的变化量大；在压电片中间存在几个有规律的位移低谷带，基本上不会产生位移变化。对于第二阶模态振动，其频率为 597Hz，其振动形态与钻杆涡动振动比较配套，适合进行控制仿真频率。

9.4 压电钻杆系统模型有限元分析

9.4.1 压电钻杆系统的模态分析

(1) 压电 BTA 钻杆固有频率理论值

BTA 钻杆由于贴上压电片，与未加压电陶瓷片的钻杆相比还是有差异的。利用传递矩阵法（图 9.13），可得到贴加压电陶瓷片后的钻杆固有频率，其原理如下。

传递矩阵法是将杆分为若干个单元，每个部分为一个质量集中点 m_i 和一段长度 l_i，设各段截面处的挠度为 y，转角为 θ，剪力为 T，弯矩为 M，对各个量进行组合，得到任一截面的状态向量：

$$Z_i = \begin{bmatrix} y_i & \theta_i & M_i & T_i \end{bmatrix}^{\mathrm{T}} \tag{9.22}$$

对于 $i-1$ 和 i 个单元，存在：

$$Z_i = H_i Z_{i-1} \tag{9.23}$$

其中：

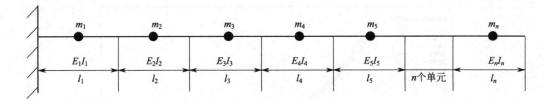

图 9.13 传递矩阵单元模型

$$H_i = \begin{bmatrix} 1 & l_i & \dfrac{l_i^2}{2E_iI_i} & \dfrac{l_i^3}{6E_iI_i} \\ 0 & 1 & \dfrac{l_i}{E_iI_i} & \dfrac{l_i^2}{2E_iI_i} \\ 0 & 0 & 1 & l_i \\ \omega^2 m_i & \omega^2 m_i l_i & \dfrac{\omega^2 m_i l_i^2}{2E_iI_i} & 1+\dfrac{\omega^2 m_i l_i^3}{6E_iI_i} \end{bmatrix}$$

对于钻杆两段，一端固定，一端自由，则有

$$Z_i = HZ_0 \tag{9.24}$$

$i=0$ 为固定端，i 为自由端；$H=H_1H_2\cdots H_i$。

利用迭代公式可算出 H，设

$$H_i = \begin{bmatrix} a_{11} & a_{12} & a_{13} & a_{14} \\ a_{21} & a_{22} & a_{23} & a_{24} \\ a_{31} & a_{32} & a_{33} & a_{34} \\ a_{41} & a_{42} & a_{43} & a_{44} \end{bmatrix}$$

由边界条件：$y_0=0$，$\theta_0=0$，$M_i=0$，$T_i=0$，则可以得到

$$\Delta(\omega) = \begin{vmatrix} a_{33} & a_{34} \\ a_{43} & a_{44} \end{vmatrix} = 0$$

将钻杆模型分为 10 段，各参数如下。钻杆材料弹性模量 $E_b=2.1\times10^{11}$；压电片弹性模量 $E_p=7.65\times10^{10}$；钻杆外径 $D_b=0.035$；钻杆内径 $d_b=0.024$；压电片外径 $D_p=0.040$；压电片内径 $d_p=0.035$；每段钻杆长度 $l_i=0.2$；钻杆和钻头密度 $\rho_1=7900$；压电片密度 $\rho_2=7500$；钻头质量 $m_t=0.001\times7.9\times2\pi\,(38^2-15^2)$；压电片体积 $V_p=\pi\,(D_b^2-d_p^2)\times l_i/12$；单元钻杆体积 $V_b=\pi(D_b^2-d_b^2)\times l_i/4$；钻杆惯性矩 $I_b=\pi\,(D_b^4-d_b^4)\,/64$；压电片惯性矩 $I_p=\pi\,(D_p^4-d_p^4)\,/384$；压电片段弹性模量 $E_{bp}=(E_p\times2V_p+E_bV_b)/(V_b+2V_p)$；均匀钻杆段 $m_i=\rho_1V_b$；压电片段惯性矩 $I_{bp}=\pi\,(D_b^4-d_b^4)\,/64+\pi\,(D_p^4-d_p^4)\,/192$；压电片段 $m_5=2\rho_2V_p+m_i$；钻头段质量 $m_{10}=m_i+m_t$。

代入各值，利用矩阵传递法进行迭代可求解，取前四阶理论固有频率如表 9.2 所示。

⊡ **表 9.2 二维压电钻杆前四阶固有频率理论值**　　　　　　　　　　　　单位：Hz

一阶	二阶	三阶	四阶
6.852	41.125	116.323	224.561

(2) 压电 BTA 钻杆模态分析

建立模型后，设置计算前四阶模态，对钻杆一端进行固定，分别对未加压电陶瓷片的钻杆模型和安装压电陶瓷片的模型进行模态分析，与理论计算的结果对比如表 9.3 所示。

⊡ **表 9.3　钻杆前四阶固有频率**　　　　　　　　　　　　　　　　　　　　　　单位：Hz

固有频率	一阶	二阶	三阶	四阶
理论压电钻杆	6.852	41.125	116.323	224.561
未加压电片模型	6.3950	40.627	114.70	225.86
加压电片模型	6.4437	40.358	114.53	225.35

钻杆模型振型云图如图 9.14 所示：

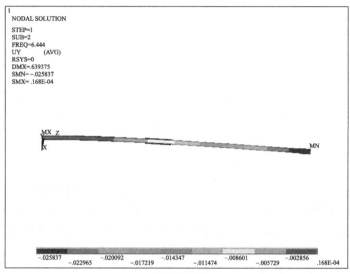

(a) 第一阶模态

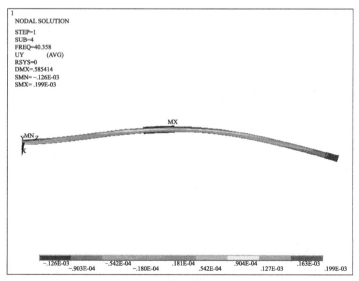

(b) 第二阶模态

图 9.14

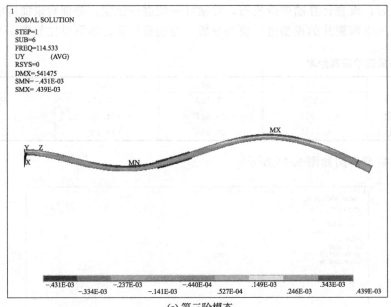

(c) 第三阶模态

图 9.14 钻杆模型振型云图

从表 9.2 和表 9.3 可以看出，理论值和有限元模态分析值比较接近，计算值比理论值稍微小一点，但整体趋于相似，这就可验证理论与仿真实验的一致性。同时可以看出，未加压电陶瓷片模型与加压电陶瓷片模型的固有频率也比较接近，说明压电结构不会对钻杆系统原有的固有特性产生较大影响，即当系统进行控制达到稳定状态后，压电结构不会影响 BTA 深孔加工工艺原有的固有特性，这就不会对以前积累的经验产生影响。

从图 9.14 中可以看出，随着阶数增加，最大位移变形区域向钻杆中间转移，并逐步呈分段区域分布；压电陶瓷片的位移变形幅值随阶数的增加而变大，整个钻杆的模态振型和理论振型都比较吻合。

9.4.2 压电 BTA 钻杆系统的位置分析

由于 BTA 钻杆系统是一根细长的杆，压电片位置的好坏直接影响着压电控制系统的控制效率，本节主要分析压电片的位置布局。由 9.4.1 可得到压电钻杆模型的前四阶固有频率，由于第二阶和第四阶振型与模型中压电片的弯曲方向一致，因此更适合进行计算，选取第四阶模态的固有频率作为激励频率，对模型进行瞬态分析。为便于分析，以压电片中心距离钻头 0.9m、1.1m、1.3m 三个位置为分析点，激励时间为 0.05s，利用压电钻杆系统第四阶固有频率，分为 50 步进行计算，固定端增加振幅为 10mm 的激励，激励函数为 $y(t)=0.01 \times \sin(2 \times 3.14159 \times 40.358 \times t)$，如图 9.15 所示。

分别取节点 7268（固定端）、469、433、263 和 5495（钻头端）作为信号采集点，各个节点依次从固定端到钻头端，其中 469、433 和 263 处于压电陶瓷片上，分析结果如图 9.16 所示。

从图 9.17 可以看出，离钻头越远，压电片产生的电荷量就越多。为充分利用压电片的正压电效应，获得较高电压，减少系统自身能耗，应尽量使压电传感器的压电片具有较高灵敏度。

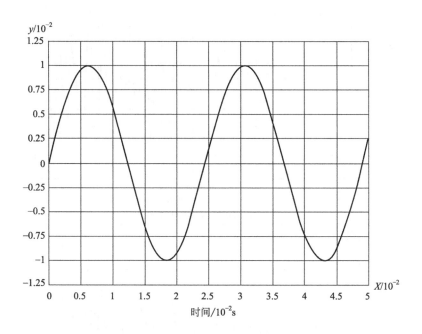

图 9.15 激励位移-时间曲线图

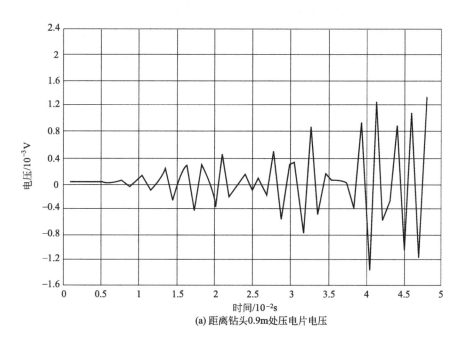

(a) 距离钻头0.9m处压电片电压

图 9.16

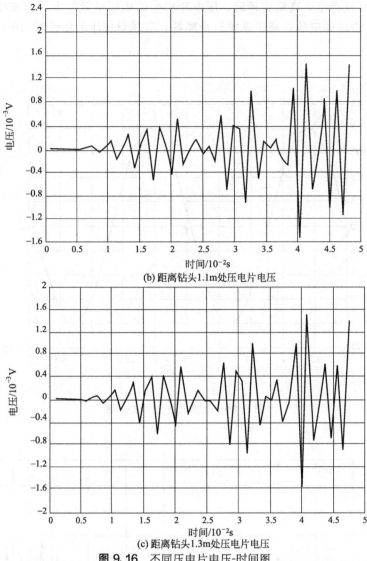

(b) 距离钻头1.1m处压电片电压

(c) 距离钻头1.3m处压电片电压

图 9.16　不同压电片电压-时间图

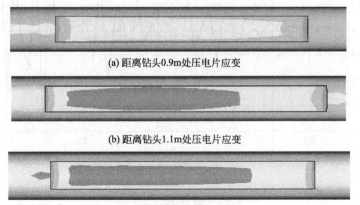

(a) 距离钻头0.9m处压电片应变

(b) 距离钻头1.1m处压电片应变

(c) 距离钻头1.3m处压电片应变

图 9.17　压电片应变云图

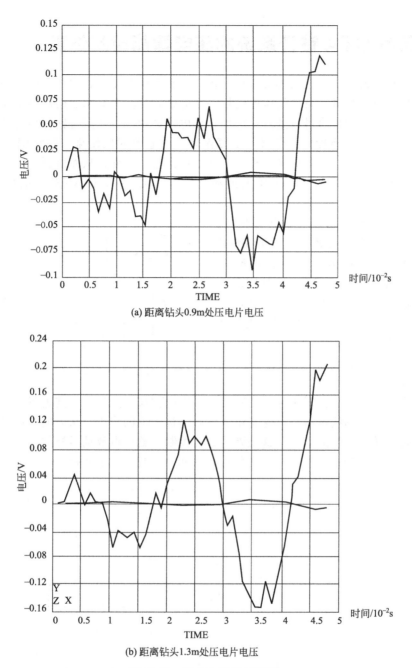

(a) 距离钻头0.9m处压电片电压

(b) 距离钻头1.3m处压电片电压

图 9.18 压电片应变-时间图

由图 9.16 和图 9.17 可知，距离钻头越远，压电陶瓷片的应变就越大，图 9.17 中云图的颜色就越深；同时还发现，粘贴着压电陶瓷片的钻杆段上的应变直接传递到压电陶瓷片上；压电陶瓷片的应变主要集中在中间部位，两端应变明显比中间小。图 9.18 中两条趋向于水平的曲线就是压电陶瓷片两端的节点，变化较大的曲线为中间部位的节点。因此可以知道，压电陶瓷片粘贴越靠近固定端的部位，其发电性能越高，控制系统信号也较强。但考虑在实际加工中，钻头部位嵌入工件内部，因此不能离钻头太近，在这里取压电陶瓷片中心距钻头处 1.1m。

9.5 压电 BTA 钻杆系统的压电智能控制仿真

前面已经对钻研系统模型的模态进行分析，得到其固有特性，现在利用瞬态动力学响应对压电控制模型进行仿真。首先给压电钻杆一个激励，让其具有初始用位移响应，利用比例控制系统，对检测到的信号进行处理并施加到压电致动片上，让其对钻杆系统动作，钻杆系统会再次响应；再对其施加控制信号，反复循环下去直到时间结束，钻杆偏心振动逐渐消除。为方便计算，利用二阶差分来计算压电片中性面上的应变，从而得到反馈信号，形成闭环反馈系统，整体系统只使用一个压电致动片。图 9.19 为基于 ANSYS 的压电钻杆控制模型。

图中 F 为振动激励，ε 为应变信号，K_s、K_c、K_v 分别为应变系数、比例控制系数及功率放大系统，取 $K_c=5$，$K_s=K_v=1000$，瑞利阻尼 $\alpha=\beta=0.006$，时间步长 $\mathrm{d}t=1/(20f_2)=1/(20\times40.358)=0.0013$，$\mathrm{d}x=0.001$；ntop1 为压电片顶端压电单元组，nbot2 为压电片底端压电单元组，运用 cp 指令令 nbot2 单元组接地，即电压为零。

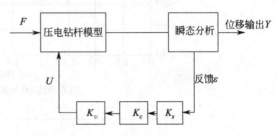

图 9.19 基于 ANSYS 的压电钻杆控制模型

模型前面已经建立，在此不做陈述，对钻杆施加一个冲击载荷后及时去除，使其具有一定的位移，然后再对其进行控制。

控制前钻头端位移缓慢减小，这是由于只有结构阻尼的作用，从而使振动慢慢消失；而控制后钻头端位移明显快速减小，这是因为经过控制，给压电致动器施加电压，从而加速钻头端的位移减小，振动迅速消失，仿真分别如图 9.20 和图 9.21 所示。

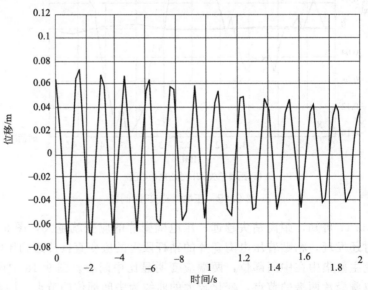

图 9.20 由阻尼振动钻头端位移曲线

深孔直线度误差和切削液流体的形态密切相关，通过控制切削液流体形态可以较好地保证深孔直线度。通过主动控制切削液的流动状态，使已加工深孔满足动压油膜条件，进而控制切削液流体力的大小，带动刀具系统实现主动纠偏。切削液流体力的大小主要取决于三个

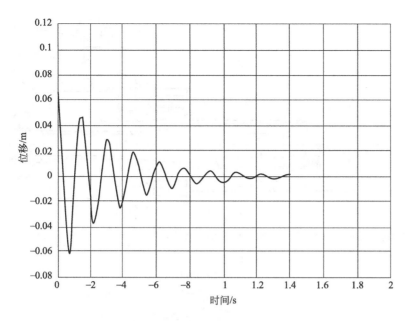

图 9.21 压电控制钻头端位移曲线

方面因素：一是楔形体与深孔内壁的间隙；二是楔形体与深孔工件之间的相对运动线速度；三是切削液的黏度。

图 9.22 为深孔直线度主动控制系统示意，包括角度可调节的径向可倾瓦块、执行组件、检测系统、控制系统及 BTA 刀具系统。其中，角度可调节的径向可倾瓦块共 4 组，每组可倾瓦块通过 3 个执行组件与钻杆形成连接；执行组件由空心螺杆套筒、形状记忆合金、压电陶瓷及支撑关节组成，与压力传感器、控制计算机、记忆合金控制系统、压电陶瓷驱动电源、开关选择电路相连，形成闭环控制回路，实现楔形瓦块角度的实时调整。可倾瓦块与已加工孔壁有相对旋转运动，两表面间形成动压油楔，多个油楔的合力使 BTA 刀具系统趋于稳定。通过实时调节可倾瓦块与钻杆之间的倾斜角度，调整切削液进出口间的楔形间隙，调节油膜压力，类似机床的四爪卡盘，可控制钻杆的稳定性，使其一直处于理想位置。

当 BTA 刀具系统受力状态发生变化时，竖直和水平压力传感器将接受的压力信号转化为电流信号传递给控制计算机。通过计算机分析刀具工作状态，若超出阈值范围，便对形状记忆合金控制系统和压电陶瓷控制电源发出指令；通过开关选择电路组件控制支撑单元中形状记忆合金和压电陶瓷发生伸缩变形，进而控制关节的伸缩量，改变可倾瓦块的倾斜角度，改善刀具系统的受力状态，最终实现深孔直线度的主动控制。主要创新之处如下。

① 在楔形油膜作用下，深孔刀具被定位于深孔中心，实现了自定心、自导向及自纠偏；采用自为基准的加工方式，利用已加工的深孔表面引导刀具，加工余下的深孔，刀具以已加工深孔轴线为基准进给，利于后加工深孔与已加工深孔保持同轴。

② 带有径向可倾瓦块的深孔加工主动纠偏系统，在靠近深孔刀具端的钻杆与已加工工件孔壁之间设有供切削液流动的连续变间隙，连续变间隙内的流动切削液形成可用于夹紧钻杆的动压油膜。

③ 通过控制系统，包括压电陶瓷、形状记忆合金、开关选择电路组件、控制计算机、

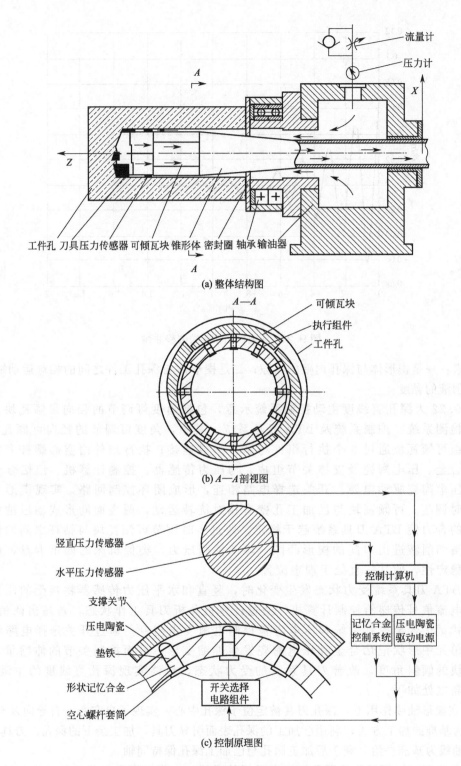

工件孔 刀具 压力传感器 可倾瓦块 锥形体 密封圈 轴承 输油器

(a) 整体结构图

流量计

压力计

X

Z

A

A

可倾瓦块
执行组件
工件孔

(b) A—A剖视图

A—A

竖直压力传感器
水平压力传感器

控制计算机

支撑关节
压电陶瓷
垫铁
形状记忆合金
空心螺杆套筒

记忆合金
控制系统

压电陶瓷
驱动电源

开关选择
电路组件

(c) 控制原理图

图 9.22 深孔直线度主动控制系统示意

形状记忆合金控制系统、压电陶瓷控制电源及压力传感器形成控制回路，实时调整径向可倾瓦块的受力状态，实现主动控制深孔直线度的目的。

第**10**章

深孔直线度控制技术实验验证

图 10.1 为项目组研制的 ZWKA-2108 精密高效深孔钻镗床，机床采用了刀具自导向技术、钻杆振动抑制技术、高效排屑及冷却技术、直线度精密检测技术及直线度主动纠偏技术等。为验证技术装备的性能，采用正交实验等相关方法，对其加工零件的质量进行了验证，深孔直线度的测量则采用深孔直线度检测仪，如图 10.2 所示。图 10.3 为深孔直线度检测仪软件界面。

图 10.1 项目组研制的 ZWKA-2108
精密高效深孔钻镗床

图 10.2 深孔直线度检测仪

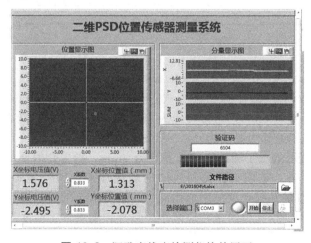

图 10.3 深孔直线度检测仪软件界面

10.1 辅助支撑和导向套的初始偏差对孔偏斜的影响

项目组在辅助支撑和导向套初始偏差已知的情况下，研究了深孔直线度误差随钻杆长度和辅助支撑位置改变而变化的规律。图 10.4 为柔性回转钻杆系统模型，为便于研究因辅助支撑位置变化而引起的直线度变化规律，该系统将钻杆在长度方向上等分成八段。

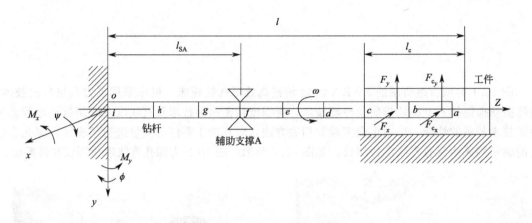

图 10.4　柔性回转钻杆系统模型

实验工件长度为 2000mm。检测仪器为深孔直线度检测仪，实验测量方案如图 10.5 所示。测量间距为 200mm，并选取 10 个测量点进行观测。

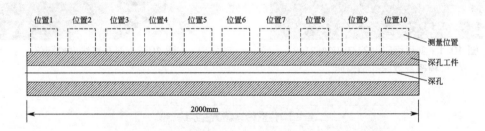

图 10.5　实验测量方案

钻杆系统的参数如下：钻杆有三种形式，长度分别是 3000mm、4000mm、5000mm，外径为 ϕ32mm，内径为 ϕ26mm，钻杆转速为 900r/min，每转进给量为 0.08mm/r，被加工孔径为 ϕ38.3mm，切削液动力黏度为 0.026Pa·s，供油压力为 2×10^{6}Pa。

如图 10.6（a）所示给出了辅助支撑偏差量为 0mm，导向套偏差量为 0.12mm，辅助支撑位置为（$l-l_{c}$）/4 时，被加工孔偏斜轨迹的理论计算数值与实验结果。从图中可以看出，被加工孔的偏斜量随钻杆长度的增加而减小。这是由于随着钻杆长度的增加，钻杆初始偏斜角逐渐减小，从而使得孔偏斜量相应减小。另外，随着加工深度的增大，钻杆的共振频率大大增加，因此孔轴向偏斜量显著增大。取以上相同参数，仅辅助支撑偏差量改变为

0.1mm，得到的孔中心线偏斜轨迹如图 10.6（b）所示。可见在辅助支撑初始偏差量和导向套初始偏差量双重因素作用下，深孔的偏斜误差明显大于单个因素作用时深孔的偏差量。这主要是由于双重因素的作用，直接导致钻杆初始偏斜量的增加。除此以外，从图中还可以看出，理论计算与实验结果从趋势上看相互吻合。

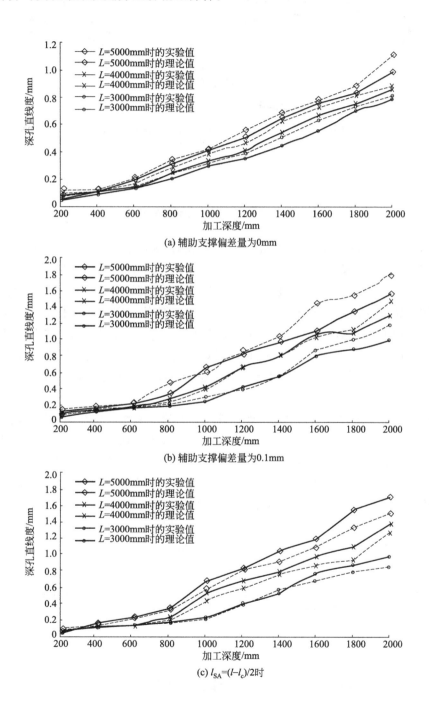

(a) 辅助支撑偏差量为0mm

(b) 辅助支撑偏差量为0.1mm

(c) $l_{SA}=(l-l_c)/2$时

图 10.6

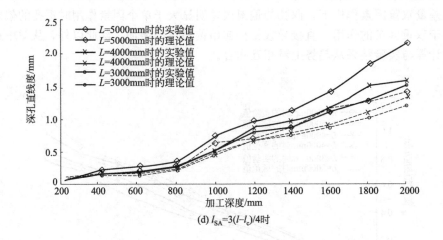

(d) $l_{SA}=3(l-l_c)/4$时

图 10.6 深孔直线度的理论与实验对比

如图 10.6(c)、（d）所示分别给出了辅助支撑偏差量为 0.1mm，导向套偏差量为 0.12mm，辅助支撑位置分别取（$l-l_c$）/2 和 3（$l-l_c$）/4 时，被加工深孔直线度偏斜轨迹的实验结果。从图中可以看出，被加工深孔直线度偏差随钻杆长度增加而增大，直线度偏斜量随钻杆长度变化趋势与图 10.6(a)、（b）是一致的，但是在深孔的偏斜数值上却有明显差别。对比图 10.6(a)~(d)，当辅助支撑位于（$l-l_c$）/4 处时，深孔的直线度误差最小；当辅助支撑位于（$l-l_c$）/2 时，深孔的直线度误差有所增大。当辅助支撑位于 3（$l-l_c$）/4 时，深孔直线度误差最大，这说明辅助支撑位置也会对深孔机床初始误差引起的深孔直线度误差有重要影响。

由于辅助支撑和导向套两者之间的距离缩小，会进一步增大钻杆的初始偏斜角，所以辅助支撑初始偏差和导向套初始偏差的双重因素作用效果也会增加。此外，理论计算和实验结果之间也存在一定差异，这是因为深孔加工是一个复杂过程，受很多因素的影响，如非线性振动切削力、横向切削力波动、切削液非线性流体力等；而这些非线性扰动激励源的存在，将会直接导致切削刀具的共振，从而导致切削刀具的横向振幅增大，以及深孔直线度误差增大。

根据以上实验结果，可以看出在深孔机床设计及调整时，要充分考虑钻杆夹持、辅助支撑与导向套之间的同轴度要求，合理选择钻杆长度及辅助支撑位置可有效减少初始偏差对深孔直线度的影响。项目组充分考虑了上述影响因素，所设计的复合式智能深孔加工减振器及优选辅助支撑位置自移动控制方法等专利就是基于以上原理。

10.2 刀具系统的振动特性与稳定性

图 10.7 为刀具系统模态实验测试系统示意。根据刀具系统在实际加工过程中相对于支

撑约束的位置情况，选择从钻杆尾端等间距布置 5 个三向压电加速度传感器，编号依次为 1、2、3、4、5，实物如图 10.8～图 10.11 所示。通过力锤敲击钻头，力锤激励力信号和钻杆振动信号经数据传输线到达数据采集系统，信号波形动态图可以通过计算机显示屏实时进行观察。

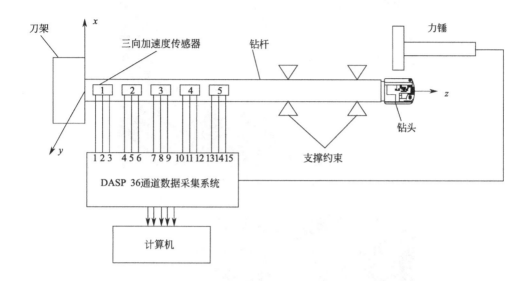

图 10.7　刀具系统模态实验测试系统示意

图 10.8　数据采集分析系统

图 10.9　压电加速度传感器

图 10.10　压电加速度传感器布局图

图 10.11　力锤敲击测试

从上述测点中选择 3 号测点，对其进行频谱分析。如图 10.12（a）～（c）所示为 3 号测点的加速度振动信号频谱分析曲线。可以看出，在力锤激励下，3号测点沿 x、y、z 方向的加速度振动信号分别在其特征频率位置存在明显的共振峰。

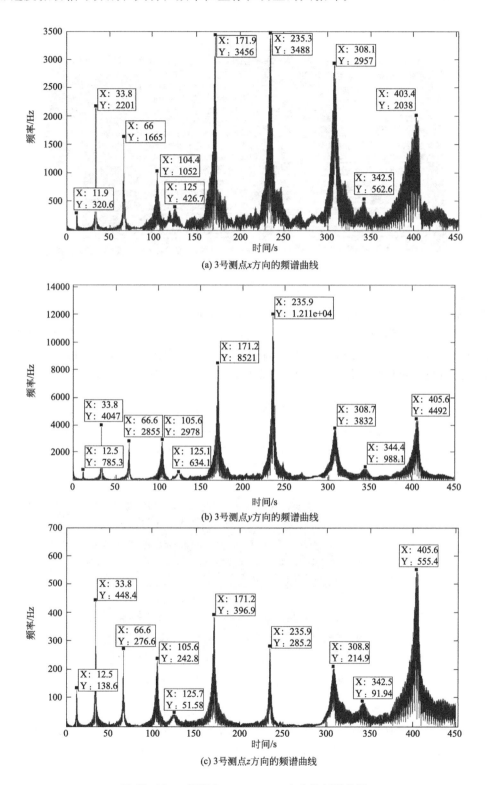

(a) 3号测点 x 方向的频谱曲线

(b) 3号测点 y 方向的频谱曲线

(c) 3号测点 z 方向的频谱曲线

图 10.12 3号测点 x 、 y 、 z 方向的频谱曲线

为了更加明确地分析刀具振动特性对深孔直线度的影响，当调试完成实验设备和 ZW-KA-2108 精密高效深孔加工机床之后，启动设备。如图 10.13 所示为深孔加工过程中数据采集界面。

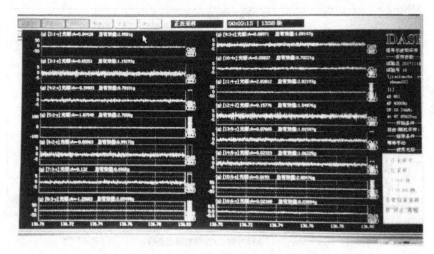

图 10.13 深孔加工过程中数据采集界面

通过实验得到如图 10.14 所示的刀具系统振动加速度地貌图。从三维谱阵的时间剖面图中可以看到在加工过程中某一位置处刀具系统各阶模态频率。从三维谱阵的频率剖面中，则能够了解刀具系统每一个模态频率随加工深度增加的变化规律。通过对刀具系统振动信号进行三维谱阵分析，可以深入地了解刀具系统在深孔加工过程中的振动特性。

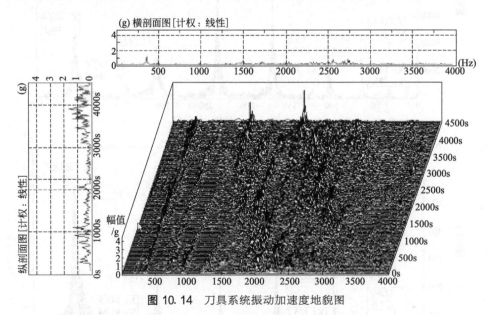

图 10.14 刀具系统振动加速度地貌图

图 10.15 为切削液流速对刀具系统固有频率和稳定性的影响。从图 10.15（a）中可以看出，刀具系统的固有频率受流速影响较大。随着流速的逐渐增大，刀具系统前四阶模态频率均逐渐降低，尤其是第一阶模态最为明显。当流速达到临界流速时，刀具系统第一阶模态频率先变为零。在图 10.15（b）中，随着流速的增大，实部由零变为正数，转折点为临界流速。当实部变为正数时，刀具系统处于不稳定状态。

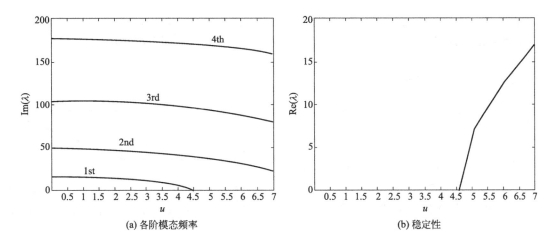

(a) 各阶模态频率   (b) 稳定性

图 10.15 切削液流速对刀具系统固有频率和稳定性的影响

如图 10.16 所示为轴向力对刀具系统固有频率和稳定性的影响。从图 10.16 （a） 中可以看出，轴向力能够使系统固有频率降低，这是由于轴向力能够弱化钻杆的刚度。当刀具系统第一阶模态频率降为零时，轴向力恰好达到临界轴向力。在图 10.16 （b） 中，随着轴向力的增大，特征值的实部由零变为正数。当轴向力大于临界轴向力时，刀具系统失稳。

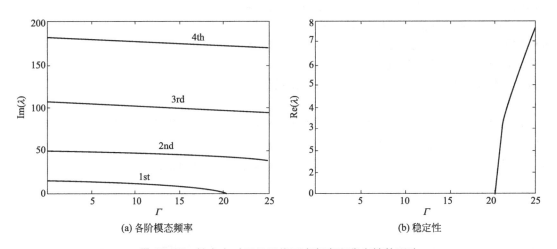

(a) 各阶模态频率   (b) 稳定性

图 10.16 轴向力对刀具系统固有频率和稳定性的影响

从图 10.17 中可以看出，随着加工深度的增加，刀具系统的第一阶模态频率总是减小，这是由于深入工件内部的钻杆缺乏有效的支撑。

为了进一步确定刀具系统在一定转速范围内的工作特性，绘制了如图 10.18 所示的坎贝尔图。当系统的固有频率与激振频率相等时，系统会发生共振现象。从坎贝尔图可以看出：在钻杆转速较小的情况下，速度曲线与各阶模态频率曲线并无交点，意味着刀具系统不会发生共振。随着转速的继续增大，转速曲线先后分别与第一阶模态频率曲线和第二阶模态频率曲线产生交点，交点处所对应的转速能够引发刀具系统产生共振。图中箭头所指的交点位置就是钻杆转速引起共振的激励频率。在深孔加工过程中选择转速时，应根据刀具系统的固有特性，避开引发共振的转速。

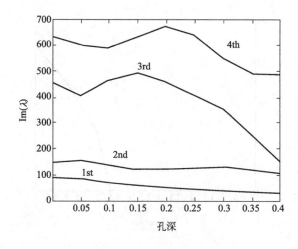

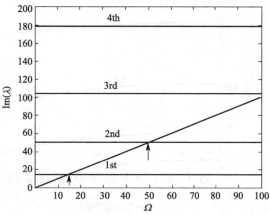

图 10.17　加工深度对刀具系统固有频率的影响　　图 10.18　转动角速度对刀具系统固有频率的影响

图 10.19 所示为刀具系统在切削液流速和轴向力共同作用下的稳定性边界。通过数值求解，可以得到刀具系统介于稳定与不稳定区域的参数边界。切削液流速与轴向力彼此相互关联，并共同影响刀具系统的稳定性。在刀具系统稳定性边界上，当其中一个影响因素的数值逐渐增大时，另一个影响因素的数值会逐渐减小。刀具系统稳定性边界与坐标轴所围成的区域为系统稳定性区域，在该区域内，对流速与轴向力的取值进行任意组合，刀具系统都处于稳定状态。

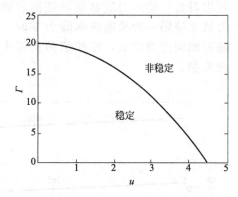

图 10.19　刀具系统稳定性边界

针对深孔加工过程中的振动特性及稳定性，ZWKA-2108 精密高效深孔加工机床应用了一种带有径向可倾瓦块的深孔加工智能钻杆系统、带有减振功能的输油器等专利技术，可以实现对深孔加工振动的抑制。

10.3 不同转速、涡动速度、挤压速度及入口压力条件下的深孔直线度

为验证 ZWKA-2108 精密高效深孔加工机床的性能，实验设定了 10 组入口压力。在相同自转速度、涡动速度和挤压速度下，进行单因素测量实验分析。本实验工件材料为 45 钢，深孔尺寸为 $\phi 40\mathrm{mm} \times 2000\mathrm{mm}$，实验采用 PSD 深孔直线度测量装置进行测量，被测工件实物如图 10.20 所示。

为验证负压抽屑器装置对深孔加工排屑效果及直线度的影响效果，在其他切削参数均相

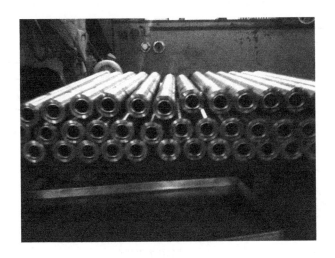

图 10.20 被测工件实物

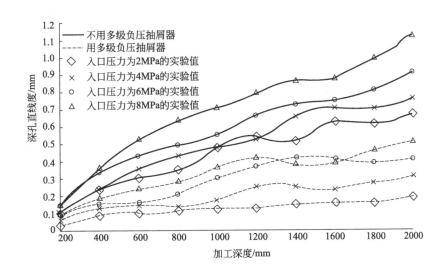

图 10.21 负压抽屑器对深孔直线度影响

同，在有无抽屑器装置的情况下，分别进行实验验证，对比结果如图 10.21 所示。随着入口压力的减小，深孔加工的直线度误差也不断减小。主要原因是由于入口压力减小会导致深孔钻杆的涡动、挤压等运动减小。多级负压抽屑则通过保证顺利排屑的同时，减小深孔加工切削液的入口压力，最终达到提高深孔直线度的目的。

为验证磁流变液减振器对深孔直线度的影响效果，在其他切削参数均相同，在有无减振器装置的情况下，分别进行实验验证，对比结果如图 10.22 所示。随着切削液涡动、旋转及挤压运动的增加，深孔直线度误差逐渐增大。在稳定加工状态下，深孔钻杆转速对直线度的影响最大，其次是涡动速度，最后是挤压速度；采用磁流变液减振器可有效减小深孔加工系统的振动，进而可以进一步提高深孔直线度，通过合理控制切削液对系统的旋转、涡动和挤压特性可以有效提高深孔加工的直线度。

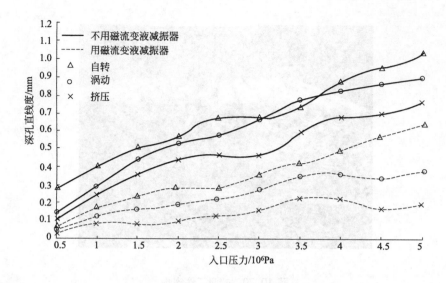

图 10. 22　减振器对深孔直线度影响

图 10.23 为自纠偏钻杆对深孔直线度的影响。从图中可以看到，在使用自纠偏钻杆后，系统的涡动、挤压、旋转运动都有所减小，直线度误差也相应减小。

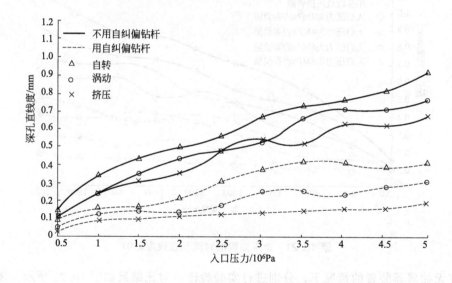

图 10. 23　自纠偏钻杆对深孔直线度的影响

参考文献

[1] 王峻. 现代深孔加工技术 [M]. 哈尔滨：哈尔滨工业大学出版社，2004.

[2] 王世清. 深孔加工技术 [M]. 西安：西北工业大学出版社，2003.

[3] 陈振亚，等. 深孔加工输油器密封结构分析与密封设计 [J]. 真空科学与技术学报，2018，1：6-10.

[4] 陈振亚，等. 深孔加工切削液造成BTA钻杆涡动分析 [J]. 机床与液压. 2017，20：9-12.

[5] 陈振亚，等. 基于有限元的高效可调式负压抽屑装置结构优化 [J]. 煤矿机械，2012，4：76-81.

[6] Chen Zhenya, et al. The Design and Analysis of the Hydraulic-pressure Seal of the Engine Box [J]. Materials Science and Engineering，2018：1-5.

[7] 陈振亚. 基于流体动力润滑理论的深孔加工直线度误差分析研究 [D]. 太原：中北大学，2015.

[8] 高琳，沈兴全，陈振亚. 基于Fluent冷却排屑应用的深孔枪钻优化设计 [J]. 工具技术，2018，2：57-60.

[9] 陈振亚. 深孔加工孔轴心偏斜及系统优化设计研究 [D]. 太原：中北大学，2013.

[10] Chen Zhenya, Shen Xingquan, Xin Zhijie. TC4 titanium alloy surface crack detection and analysis [J]. Advanced Materials Research. 2014.

[11] 中北大学（发明人：陈振亚）. 一种带有减振功能的深孔加工输油器：中国，国家发明专利，授权号：ZL201610385570.6 [P]. 2018.

[12] 陈振亚，沈兴全，辛志杰，等. 切削液对深孔直线度的影响分析与应用 [J]. 振动、测试与诊断，2015，3：553-558.

[13] 平克斯O，斯德因李希德B. 流体动力润滑理论 [M]. 北京：机械工业出版社，1980：77-81.

[14] Chen Zhenya, Dong Zhen, Huang Xiaobin, et al. The Study of Deep-hole Drilling BTA Drill Whirl caused by Cutting Fluid [J]. Applied Mechanics and Materials，2015，Vols. 752-753.

[15] 陈振亚，沈兴全，庞俊忠，等. 深孔直线度光电测量技术 [J]. 农业机械报，2014，12：362-366.

[16] Chen Zhenya, Shen Xingquan, Xin Zhijie. Deep-hole drilling negative pressure device injection process simulation analysis based on fluent [J]. Applied Mechanics and Materials，2014，Vols. 602-605.

[17] 陈振亚，等. 多级爪型干式真空泵的结构分析与优化 [J]. 机床与液压，2018，23：94-97.

［18］ 马国红，沈兴全，陈振亚.BTA 深孔钻杆系统切削液液膜压力的分布特性［J］.润滑与密封，2018，1：26-29.

［19］ 王丽鹏，沈兴全，陈振亚.深孔加工刀具的切削力和孔圆度实验研究［J］.工具技术，2018，2：48-51.

［20］ 陈振亚，沈兴全，等.深孔镗床输油器结构优化设计［J］.煤矿机械，2012，10：22-24.

［21］ 中北大学（发明人：陈振亚）.一种深孔加工的智能高强度 BTA 钻头：中国，国家发明专利，申请号：CN201910324413.8［P］.2019.

［22］ 中北大学（发明人：陈振亚）.一种带有径向可倾瓦块的深孔加工智能钻杆系统：中国，国家发明专利，申请号：CN201810870619.6［P］.2018.

［23］ 中北大学（发明人：陈振亚）.一种设有负压抽屑装置的多功能高速深孔钻机：中国，国家发明专利，授权号：ZL 201410102160.7［P］.2014.

［24］ 中北大学（发明人：陈振亚）.深孔圆度实时检测装置：中国，国家发明专利，授权号：ZL 201711087028.3［P］.2017.

［25］ Shen Xingquan, Chen Zhenya, Pang Junzhong. The Structure Optimization of Double Feeder System Core Components, Advanced Materials Research，2012，Vols. 472-475，1091-1096.

［26］ 中北大学（发明人：陈振亚）.基于机器人的炮管内膛表面硬度的检测装置及方法：中国，国家发明专利，申请号：201910513235.3［P］.2019.

［27］ 中北大学（发明人：陈振亚）.深孔圆柱度、锥度激光检测装置：中国，国家发明专利，申请号：201711085461.3［P］.2017.

［28］ 中北大学（发明人：陈振亚）.一种用于深孔加工的振动切削装置：中国，国家发明专利，申请号：201710969633.7［P］.2019.

［29］ 中北大学（发明人：陈振亚）.一种深孔镗滚复合加工工具：中国，国家发明专利，申请号：201711410461.6［P］.2017.